老年宜居环境建设系列丛书

适老家装图集

——从9个原则到60条要点

周燕珉　李广龙　著

全国老龄工作委员会办公室

清华大学建筑学院　周燕珉居住建筑设计研究工作室

联合组织编写

中国建筑工业出版社

图书在版编目（CIP）数据

适老家装图集：从 9 个原则到 60 条要点 / 周燕珉，李广龙著 . —北京：中国建筑工业出版社，2018.10（2024.4 重印）
（老年宜居环境建设系列丛书）
ISBN 978-7-112-22661-0

Ⅰ. ①适… Ⅱ. ①周…②李… Ⅲ. ①老年人住宅—室内装饰设计—图集 Ⅳ. ① TU241.93-64

中国版本图书馆 CIP 数据核字（2018）第 205470 号

责任编辑：费海玲　焦　阳
责任校对：王宇枢

老年宜居环境建设系列丛书
适老家装图集——从9个原则到60条要点
周燕珉　李广龙　著
全国老龄工作委员会办公室
清华大学建筑学院　周燕珉居住建筑设计研究工作室
联合组织编写

*

中国建筑工业出版社出版、发行（北京海淀三里河路9号）
各地新华书店、建筑书店经销
北京点击世代文化传媒有限公司制版
建工社（河北）印刷有限公司印刷

*

开本：787 × 960毫米　1/16　印张：5¼　字数：72千字
2018年12月第一版　2024年4月第三次印刷
定价：55.00 元
ISBN 978-7-112-22661-0
（32764）

序

家庭是构成社会的基本细胞，是促进老年人老有所养的重要基点。让老年人安享幸福晚年，首先要做到的就是让他们拥有一个宜居的家。《中华人民共和国老年人权益保障法》规定了“家庭赡养与抚养”专章，明确了“引导、支持老年宜居住宅的开发，推动和扶持老年人家庭无障碍设施的改造”。

为更好地推进老年宜居环境建设，全国老龄工作委员会办公室委托清华大学建筑学院周燕珉居住建筑设计研究工作室，编写出版了《适老家装图集——从9个原则到60条要点》，从老年住宅精细化设计的专业视角，通过9个原则、60条要点，图文并茂地为广大老年人家庭、老龄工作者及家装从业者，展示了如何从硬件设施上营造适老宜居的老年之家。

值得关注的是，人口高龄化、家庭小型化与新型工业化、信息化、城镇化、农业现代化相伴随，构建养老、孝老、敬老的政策体系和社会环境，需要更加注重老年人的需求；从人口均衡发展的高度提升老年人家庭品质，从如何让老年人居住生活得更加舒适开始：适宜的家具摆设，适合的光线色彩，适当的辅助设施，适体的桌椅床凳……家中的一切，都应尽心保障老年人的安全、便捷、舒适，都应尽力支持老年人更长维持独立生活的能力，都应尽情表达对老年人深沉隽永的亲情、孝心和爱。

让我们从一点一滴做起，让更多老年人拥有一个温馨舒适的家。

全国老龄工作委员会办公室

引　言

我国适老家装的背景及需要考虑的问题

我国适老家装的重要意义是与我国现行的养老服务体系密切相关的。我国现行的养老服务体系是以居家为基础，社区为依托，机构为补充，医养相结合。在这其中，居家养老是我国养老服务体系的基础。这意味着超过九成的老年人会在自己的住宅中度过晚年生活，适老家装与他们息息相关。

国外一些更早进入老龄化社会的国家，多数在较早的时期以“医院养老”“机构养老”作为国家养老服务体系的重点，后来才逐渐回归到以“住宅养老”为基础的发展之路（图 1）。在这一过程中，人们逐渐意识到，老年人更喜欢居住在其长期生活的住宅中，并希望能够继续作为社会的一员自由参与到社区生活中。因此，在经历了长期的探索和变革后，多数国家最终走向回归社区、回归住宅，以居家为主的养老模式。

图 1　养老居住模式转变过程示意图

在这种背景下，作为居家养老主要空间载体的住宅，其适老家装的意义变得十分重要。住宅是适老化设计的主战场，关乎我国大多数老年人生活的安全、便利和舒适，这是需要专业技术人员和社会大众都要引起重视的问题，我们需要认真做好住宅的适老家装。

基于我国的住宅发展状况和老龄化特征，住宅的适老家装从整体层面需要考虑以下问题：

（1）充分考虑住宅改造的困难，进行灵活设计

根据第四次全国老年人生活状况抽样调查显示，约有三分之二的老年人居住在建成时间超过 20 年的老旧住宅当中。这些住宅多为 20 世纪七十至九十年代建设的集合住宅，其建设标准和技术水平都相对较低，套型设计和设施设备已不能满足老年人的使用要求，给他们的晚年生活带来了诸多不便。

根据“四调”数据显示，有六成以上的老年人认为自己的住房存在“不适老”的问题。排名前列的不适老问题包括：没有呼叫、报警设施，没有扶手，光线昏暗，厕所、浴室不好用等。这些安全隐患都有可能给老人的日常生活带来危害。

因此，住宅的适老家装势在必行，并且需要在家装的过程中充分考虑这些老旧住宅的现状条件和改造困难，来加以灵活设计。

老旧住宅家装改造的重点和难点主要体现在以下方面：

1. **墙体结构**。住宅的适老家装要求套内空间尽量通透，以便视线、声音、空气通达，但受限于老旧住宅的结构体系（常为砖混结构），套内有时做不到全面通透。这就要求适老家装在不破坏主体结构的基础上，尽量通过设置门窗洞口等来满足老年人对于套内空间通达的要求。

2. **地面高差**。老旧住宅中因传统习惯、管线铺设等原因，入户门、卫生间门、阳台门等处常会存在高差。当因管线等原因无法彻底消除高差时，可采用设置缓坡等方式来尽量消除高差带来的不便。

3. **水电管线**。老旧住宅中的水电管线多已老旧，在家装改造时可能“牵一

发而动全身"，基本需要全面翻修、重新铺设。这成为住宅适老家装改造中最为费时费力的内容之一。

（2）尽量考虑满足老人独立使用的需求

我国的人口年龄结构具有少子化的特点。这是与我国过去六十年来的生育率变化趋势相关的。

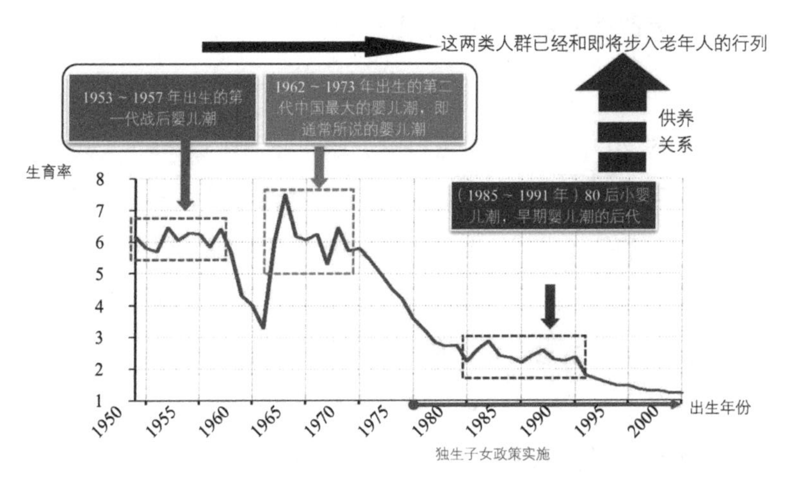

图2 我国1950～2000年以来的生育率变化趋势分析图

我国在1953～1957年、1962～1973年有两代婴儿潮，这两个时期出生的人到现在已经或即将步入老年人的行列。受到我国独生子女政策的影响，这些老年人的子女，即80后一代的出生人数较少，由此产生了供养关系的不平衡，年轻人赡养老人的负担进一步加重。

在这种状况下，很多居家生活的老年人实际上是独居、空巢的状态。这要求住宅的适老装修需尽量能够让这些老年人在无子女照看的情况下，也能独立地进行居家生活，尤其是需要考虑到乘坐轮椅的老年人独立生活的可能。

为了实现这一目标，首先需了解老人特殊的身体机能。进入老年阶段，人的身体各部位机能均开始出现不同程度的退行性变化，对内外环境的适应能力也随之逐渐减退，医学上称之为生理衰老。具体表现为：

① 感觉机能退化：包括视觉、听觉、触觉、嗅觉等方面的感官能力下降。

② 神经系统退化：包括记忆力、认知能力等神经系统方面的能力下降。

③ 运动系统退化：包括肢体灵活度、肌肉力量等运动方面的能力下降。

④ 免疫机能退化：包括对环境适应能力、对温湿度变化的抵抗力下降等。

面对这种情况，住宅的适老家装需要在各个方面充分考虑老年人的特殊身体机能需求，以体现适老化、精细化、人性化的设计理念。

图 3 老人难以看清细小文字

图 4 老人对相似形象和颜色辨识力下降

图 5 老人嗅觉退化，闻不到异味，易造成危险事故

在本书中，我们针对老年人家庭的适老化装修设计总结出 9 个设计原则和 60 条设计要点，供大家在实际适老装修设计中进行参考。

目 录

一、适老家装的 9 个原则

原则 1：视线通

原则 2：声音通

原则 3：路径通

原则 4：空气通

原则 5：地面平

原则 6：储藏多

原则 7：台面多

原则 8：光线匀

原则 9：温度匀

一、适老家装的9个原则

老年人在家中居住的基本需求是安全、便利、舒适。

- 安全性是住宅适老化的基本保障。设计宜针对老年人的生理和心理状况，减少环境障碍，降低住宅中的不安全性。
- 便利性是住宅适老化应着重体现的特点。设计宜针对老年人的活动方式，合理安排空间布局，达到实用方便的使用效果。
- 舒适性是住宅适老化需考虑的人性化目标。老年人生理机能衰退，良好的居住环境有利于帮助老年人保持身心健康。

为了满足上述安全、便利、舒适的住宅适老化基本需求，避免由于装修设计时未全面考虑老年人的身心状况而出现基本错误，我们总结了 9 个设计原则供大家参考，即**“四通一平、两多两匀”**。

- “四通一平”指视线通、声音通、路径通、空气通、地面平。
- “两多两匀”指储藏多、台面多、光线匀、温度匀。

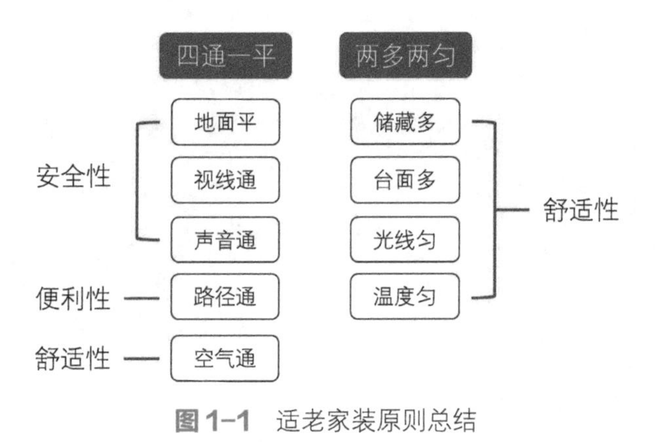

图 1-1 适老家装原则总结

接下来一一说明。

原则 1：视线通

住宅中视线通透有助于老人与家人、护理人员之间相互联系，当老人遇到困难时可得到及时帮助，提高老年人居住的安全感。

加强住宅视线通透的主要方法是利用开敞空间、洞口及镜子的设置来加强视线联系。具体方法体现在以下三方面：

1. 公共空间尽量开敞

起居厅、餐厅等空间采用开敞式设计，以达到套内空间通透、视线通达的效果。

2. 半私密空间设置洞口和镜子

厨房、阳台等半私密空间，可通过设置门洞、窗洞或镜子等，加强视线联系，方便照护老人。

3. 私密空间采用透光隔断

卧室和卫生间等私密空间，可以在门上局部安装半透明玻璃或透光不透影的隔断，以了解卧室和卫生间内老人的情况。

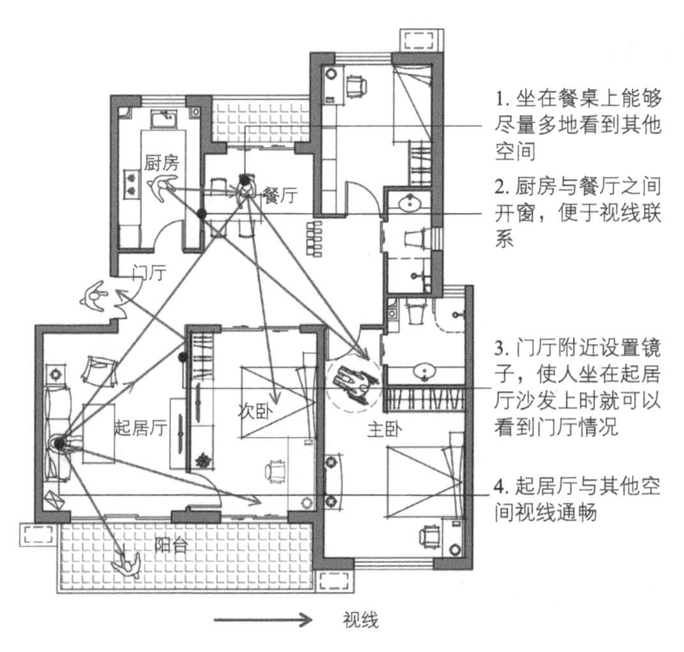

图 1-2 住宅视线通设计原则示例

图 1-3 住宅内通过门洞对位实现视线通透

TIPS 巧用镜子加强视线联系

在图 1-4 中所示红框位置设置镜子，可以让老人坐在起居厅沙发上不用起身，即可通过镜子观察，了解到门厅进出的情况。

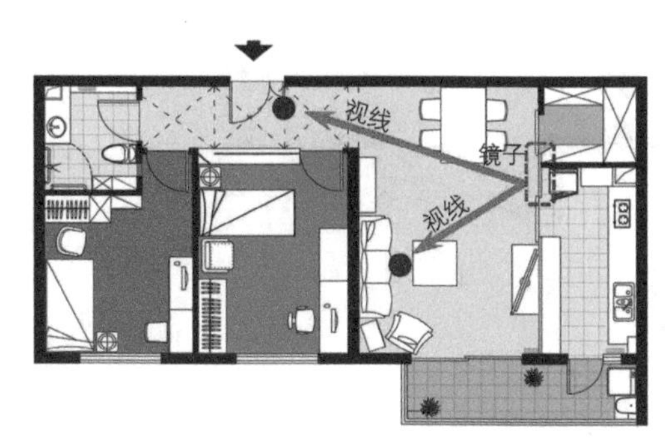

图 1-4 通过镜面设置加强视线联系

原则 2：声音通

声音通与视线通一样，都是为了保障家人的相互及时联系，提高老人居住的安全性，增强家人之间的情感联系。

声音通主要通过套内空间的开敞式设计以及部分空间中增加门洞、窗洞等设计手法来实现。如图 1-5 所示，中间的卧室朝向内部走廊的一侧开设小窗，一方面利于通风，另一方面使两卧室及卫生间之间在声音上更加通达，便于老人在卧室或卫生间中有紧急需求或发生危险时呼喊其他空间中的家人。

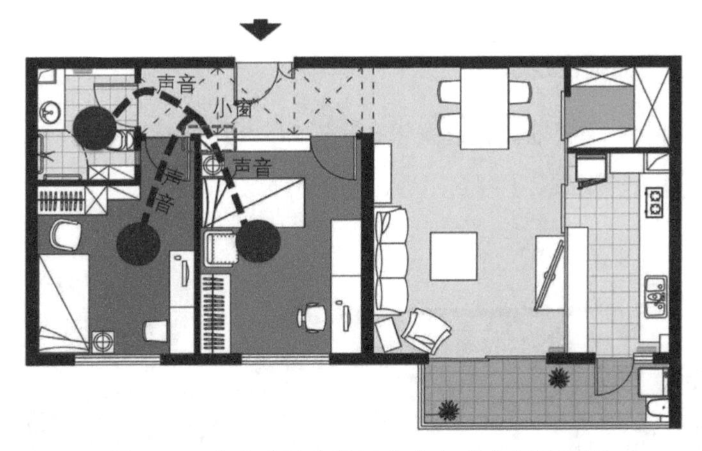

图1-5　住宅中卧室设置小窗实现声音通示例

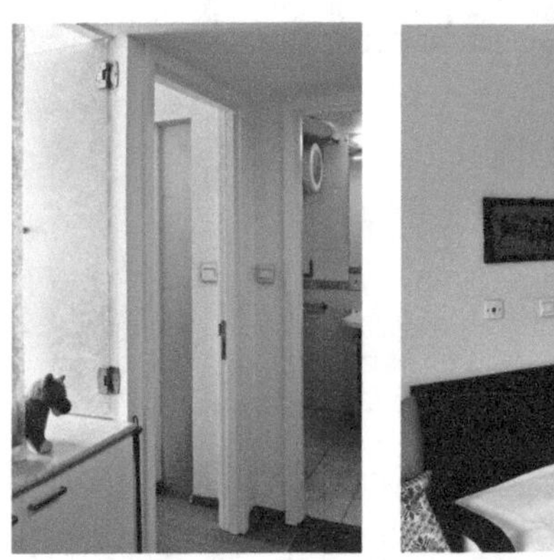

图1-6　老人卧室与走廊过道间设置玻璃隔断和窗户

原则3：路径通

住宅内需重视动线的便捷，保证各空间之间路径顺通，以减少老人的行动距离。这对于乘坐轮椅的老人来说尤其重要。

住宅内空间可以形成循环转圈的动线（称为“回游动线”），方便老人在家中活动，同时可以改善通风采光条件，增进视线、声音上的联系。

住宅内可以考虑形成“回游动线”的位置主要为以下四处：

1. 起居厅、厨房与阳台之间。

2. 老人卧室与起居厅、阳台之间。

3. 走廊空间。

4. 阳台与相邻其他空间之间。

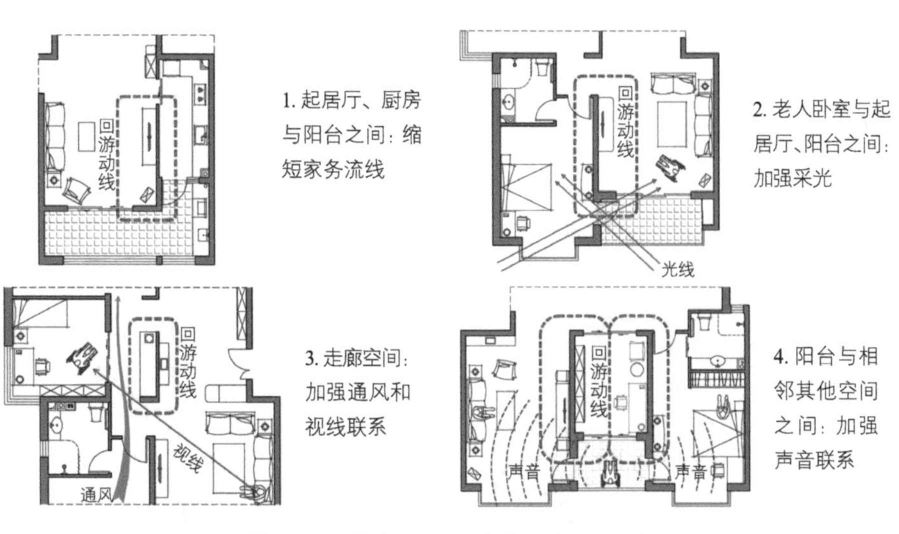

图 1–7 住宅“回游动线”设置示例

另外，老人的视力衰退，反应能力下降，住宅中的交通空间应尽量保持顺畅，避免过于曲折复杂或出现突出物。此外，还要注意住宅内低矮家具，如凳子、箱子等的位置，避免在交通路线上，以防止发生磕绊。

图 1-8 过道中堆满家具杂物，交通路线窄

原则 4：空气通

增强住宅整体的自然通风，利于保持套内的空气清洁，提高老人居住的舒适度，保证老人的身心健康。

保持套内空气通畅，需要注意门窗洞口的位置和大小，尽量使门窗对位，促进对流通风，增强套内的自然通风效果。

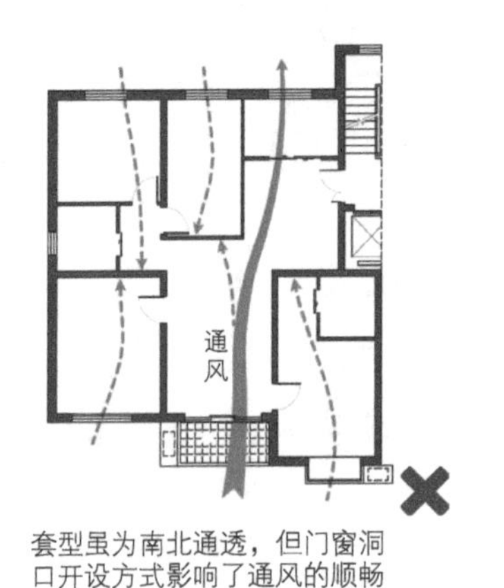

通风

改变门窗洞口位置，使通风流线畅通

图 1-9 不同门窗洞口位置和开启方式的通风效果对比

原则 5：地面平

老年人日常生活中最为担心的就是摔倒，而住宅中地面的高差正是引起老人摔倒的主要原因。尤其是一些较小的、不易被老人察觉的高差，更容易引起磕绊、摔伤等事故。当高差超过 2 厘米时，就会对行动不便和使用轮椅的老年人通行造成障碍。

因此，住宅中需特别注意处理高差问题，尽量取消高差，保证地面平整，以保障老人通行的安全。

餐厅、厨房与起居空间存在两步台阶的高差

室内设计各空间在同一高度上

✓

图 1-10　套内高差处理正误对比

住宅中一般容易产生高差的位置包括以下几处，需特别注意这些位置的地面平整问题：

1. 铺装材料交界处（如地板与地砖交界处）。
2. 清洁防水处：厨房、卫生间的门口。
3. 阳台与室内交接处：阳台门口。
4. 室外与室内交接处：入户门。

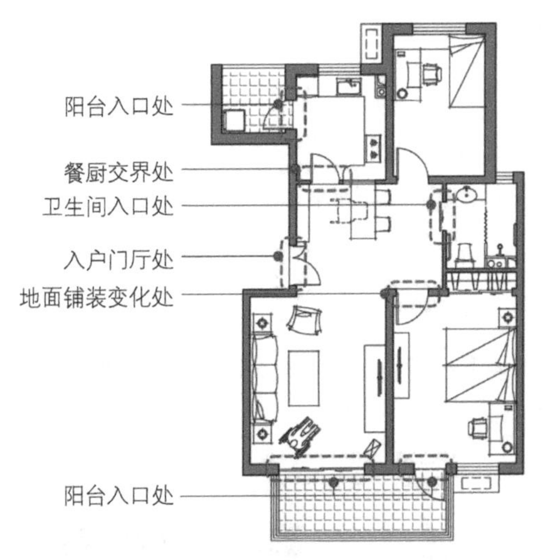

图 1-11 住宅内地面易产生高差的位置

其中，卫生间门和阳台门是套内最容易出现高差的地方——卫生间门常设置突出的过门石，阳台门下部常会设置门框。在住宅适老化设计中，需特别注意消除这些地方的高差，采用更加合适的方式进行处理。

卫生间与过道有 10 厘米高差

✗

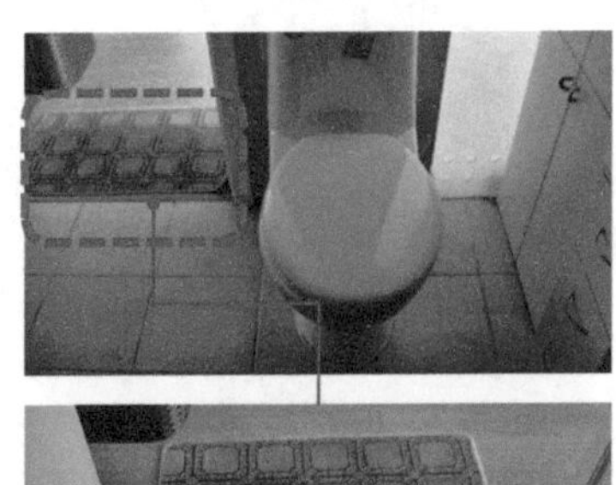

卫生间与过道用压条过渡

图 1-12 卫生间与外部空间高差处理方法正误对比

阳台使用推拉门，门框
形成阳台内外的门槛

调整阳台两侧铺地厚度，
使门框隐藏在铺地中

图 1–13 阳台与内部空间高差处理方法正误对比

TIPS 地毯需慎用

地毯的好处是质软，可有效防止老人摔伤，也有吸声、美化空间的作用。

但在使用的时候也要注意一些问题：地毯边缘容易起翘，容易与其他地面材料不平齐，由此造成的高差可能绊倒老人。局部铺设的小块地毯（如图 1-14 所示）容易滑动使老人跌倒。

另外还要注意，地毯的毛不要过长，否则不便轮椅通过。

因此地毯需慎用，在一个空间内（如卧室）铺设地毯的话，最好做到满铺整个空间。

图 1–14 住宅内需慎用易于翘起、滑动的地毯

原则 6：储藏多

老年人家中往往堆积的旧物较多，因此住宅的储藏设计应分类明晰、储量充足。住宅中常见的储藏空间类型和设置位置示例如图 1-15 所示：

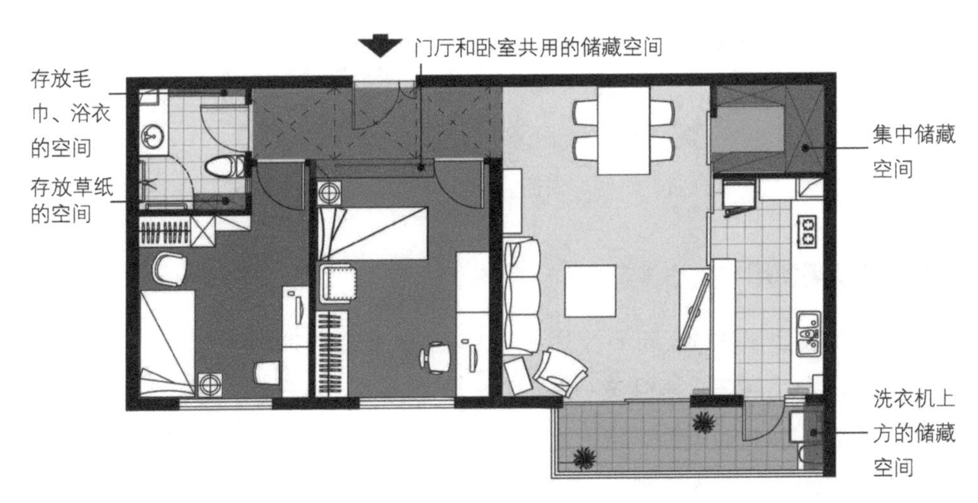

图 1–15 住宅中常见储藏空间类型和设置位置

1 洗衣机上方的储藏空间

2 卫生间储藏空间

3 集中储藏空间

图 1–16 住宅储藏空间设置示例

除了集中设置储藏空间外，还需精细化考虑利用各种边角、顶部的空间进行储藏，例如洗衣机上部设置吊柜、坐便器侧方设置薄柜等。

原则 7：台面多

住宅的适老化设计要求置物台面多，原因在于两点：

1. 便于常用物品存放

许多老年人随着记忆力的减退，往往喜欢将常用物品存放在容易看到和取放的台面上方，以便寻找和随手取用。

2. 给予老人扶持

老人在家中行走时，台面可起到扶手的作用（即住宅中并非处处均需为老人设置扶手，而是可以利用家具台面进行代替）。另外，当老人拿取较低位置的物品时，会有一定程度的弯腰动作，台面也可供老人撑扶。便于老人撑扶的台面高度一般为 75 ~ 90 厘米。

台面通常可以利用低柜、低台设置，也可将高柜的中部留成台面。

柜子上部提供台面供老人撑扶

柜子分为上下两部分，中部提供台面存放常用物品

图 1-17 住宅中设置台面示例

原则 8：光线匀

通常老年人在家中生活的时间较长，对于日照的要求较之年轻人更高，因此住宅的采光设计非常重要，主要生活空间应该尽量争取好的朝向和日照条件。

老年人身体冷热调节能力降低，汗液排放功能较差，长时间生活在闷热不通风或潮湿的空间中容易引发心脑血管疾病、呼吸系统疾病和关节炎等病症的急性发作；而长时间使用空调又容易感冒，因此住宅中应该尽量争取自然通风，通过合理的风路组织，改善室内的空气环境，为老年人营造健康舒适的物理环境。

除了设置必要的门窗来增强自然采光外，还需特别注意中部空间、封闭空间等采光不佳空间的采光处理。

例如，住宅南北两侧房间中部夹着的空间不易有光线到达，光环境较暗。住宅设计时可以通过在墙面上开窗、设置玻璃隔断，将门进行半透明设计，利用镜子反射光线等手法，来加强中部空间的采光。

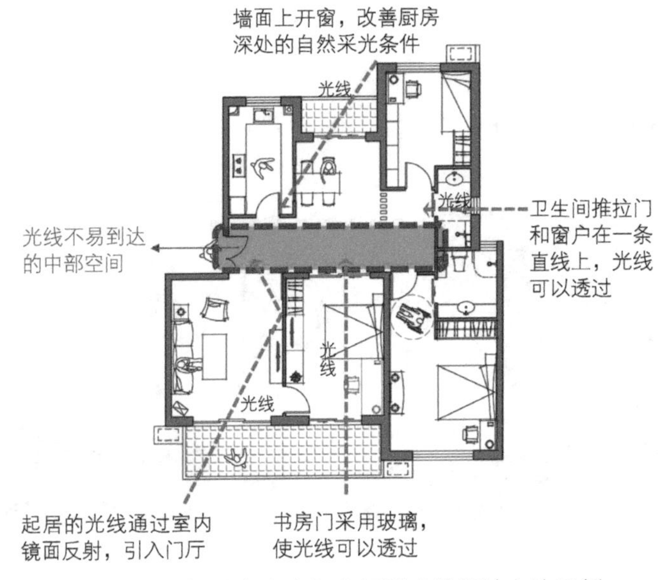

图 1-18 加强套内中部空间采光的设计方法示例

原则 9：温度匀

老人对室内环境舒适性的要求较高，既要使室内温、湿度保持在一定的舒适范围内，又要保证温度分布的均匀性，尤其需要注意卫生间、阳台等处的保温处理，并宜配置地暖、浴霸、暖风机等温度保障设备。

✕

图 1–19 温湿度的剧烈变化易引发老年人的慢性疾病发作

✓

图 1–20 老年人的主要活动空间应争取较好的采光、保暖

此外，住宅设计中还可考虑在套内安排适宜的空间，以便把一些户外活动移入室内进行，如：在住宅中设置阳光室，老年人在这里活动可享有与室外相近的日照条件，还可避免刮风、雨雪、雾霾等恶劣天气对其生活的影响，防止因温度和湿度变化而引起的感冒等疾病。

二、适老家装的 60 条要点

为了对住宅的家装起到具体、实际的辅助作用，我们将适老家装的要点总结为 60 条，并分为门厅、起居厅、餐厅、厨房、卫生间、卧室、阳台这七个套内主要空间，以及套内常用的设施设备和智能家居进行分别讲解。

适老家装要点索引

为了便于读者理解这60条要点的重要程度，在适老家装中进行灵活运用，我们将所有要点列表如下，对每一条要点提出相应的设置建议。“●”对应的要点，是指在大多数情况下需要尽量做到的，最关乎老人居家安全、便利的内容；“○”对应的要点，是指在条件允许时，或有实际需要时，可以考虑添加的内容，能够进一步提高老人的生活质量。

序号	要点	设置建议
（一）门厅适老家装要点		
1	需考虑老人坐姿换鞋需求	●
2	选择适合老人使用的换鞋凳	●
3	注意鞋柜与门的位置关系	●
4	鞋柜高度需便于老人撑扶，底部可留空	○
（二）起居厅适老家装要点		
5	考虑乘坐轮椅老人的位置	○
6	沙发、茶几的摆放需便于老人进出	●
7	选择适合老人使用的茶几	○
8	沙发选型需注意适老	○
9	避免空调正吹沙发	●
10	地面材质应防滑、防反光	●
（三）餐厅适老家装要点		
11	加强餐厅与厨房的视线联系	○
12	考虑就餐时也可以看到电视	○
13	餐桌旁宜留出轮椅专用位置	○
（四）厨房适老家装要点		
14	吊柜需防止磕碰	●
15	吊柜下方可加设中部柜	○
16	操作台面宜连续	○

续表

序号	要点	设置建议
17	炉灶、水池的两侧和之间均需留出台面	○
18	微波炉宜放在操作台面上，不宜过高或过低	●
19	厨房内有条件时可布置小餐台	○
20	冰箱旁要留有接手台面	○
（五）卫生间适老家装要点		
21	需注意卫生间干湿分离	●
22	选择适合老人使用的盥洗台	○
23	盥洗台旁侧墙上宜布置毛巾杆	○
24	卫生间门尽量采用推拉门或外开门	●
25	尽量采用冷热水混水龙头	○
26	淋浴间需设置扶手，并用浴帘隔断	●
27	花洒高度宜可调节	○
28	淋浴间宜考虑摆放浴凳	○
29	坐便器旁宜设置扶手	●
（六）卧室适老家装要点		
30	卧室宜考虑老年夫妇分床休息的需求	○
31	床的尺寸需适中，不宜过大或过小	○
32	床的选型与布置需满足老人使用需求	○
33	床的材质需考虑老人接触时的舒适感	○
34	主灯宜设双控开关	○
35	空调送风方向不要正对床头	●
36	床头柜要适合老人使用	○
（七）阳台适老家装要点		
37	封闭阳台上宜布置洗衣机，以便洗晾衣集中	○
38	晾衣杆需考虑低位操作的可能	○
39	注意阳台门的高差处理	●
40	阳台门的尺寸要利于通行	○
（八）设施设备适老家装要点		
41	开关面板需利于老人分辨和操作	●

续表

序号	要点	设置建议
42	各类把手需便于老人抓握用力	●
43	插座宜根据使用部位适当抬高	○
44	灯具的选择宜适合老人使用	●
45	主要空间宜有两处灯源	○
46	有阅读和精细操作的部位可加强局部照明	○
47	插座布置需考虑家具的多种摆放形式	○
48	座椅需轻便、稳定，便于老人移动、起坐	●
49	需保证门的通行宽度	●
50	需置物的窗台上方可考虑设置一段固定扇	○
51	可考虑采用地板采暖	○
52	需保证老人方便地使用热水	○
53	需注重卫生间排水、排风问题	●
（九）智能家居适老家装要点		
54	坐便器旁宜预留插座，以便设置智能便座	○
55	可视对讲系统需考虑老人使用需求	○
56	宜在卧室和卫生间安装紧急呼叫器	○
57	可在门厅设置电源总控开关	○
58	可设置红外探测器感应老人行动	○
59	宜采用可调节式的光源	○
60	可考虑采用遥控器操作窗帘、油烟机等	○

（一）门厅适老家装要点

老人在门厅中的主要操作是换鞋。换鞋的时候，老人可能会需要较长的时间，且需要做弯腰、起坐等幅度较大的动作，若鞋柜、换鞋凳等家具设置不当，会让老人操作费力，甚至带来摔倒的危险。因此，在门厅中，需特别重视鞋柜、换鞋凳的设置，以便帮助老人安全、顺利地进行换鞋。

要点 1: 需考虑老人坐姿换鞋需求

老人腿部力量较弱，常需要在门厅坐着换鞋，因此需要在鞋柜旁设置换鞋凳，且起坐的时候需要就近设有可撑扶的扶手。

当设置扶手不便时，也可由鞋柜或其他家具的台面来兼做撑扶的扶手。

图 2–1 门厅设置供老人换鞋的换鞋凳和扶手

要点 2: 选择适合老人使用的换鞋凳

设置适合老人使用的换鞋凳，需注意以下要点：

1. 换鞋凳高度宜为 40 ~ 45 厘米。不宜过矮，以免老人起坐困难。

2. 换鞋凳需稳固、轻便、小巧，既保证安全，又便于移动。

3. 换鞋凳可自带或在其旁边设扶手，也可在其旁设置合适的家具台面来供老人撑扶。

4. 换鞋凳的腿避免外伸，以防绊倒老人，或影响老人通行。

5. 换鞋凳角部注意为圆角处理，避免过于尖锐划伤老人。

6. 换鞋凳表面材质软硬适中，易于清洁。

7. 换鞋凳可考虑高度能够调节，以便适应不同身高和身体状况的老人使用需求。

8. 为了给家庭增加储物空间，换鞋凳下方可适当考虑储物。

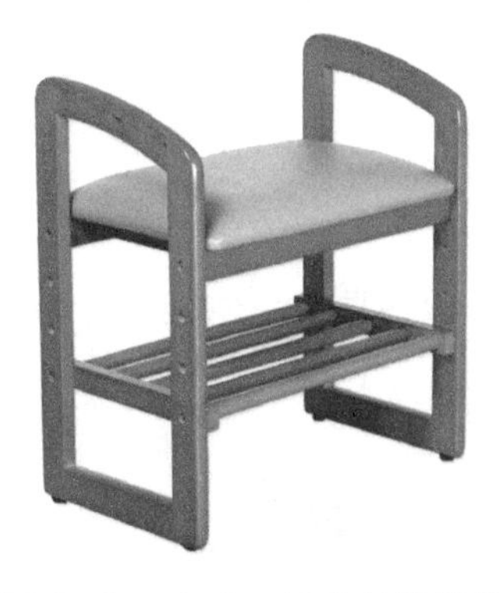

图 2-2 高度可调节的换鞋凳

图 2-3 下部可储物的换鞋凳

要点 3：注意鞋柜与门的位置关系

为避免鞋和其他杂物摊放在地上，给老人进出门时带来绊脚危险，应在门厅或附近设置鞋柜、衣帽柜来收存物品。

鞋柜的摆放位置应考虑门的开启方向，避免有人开门时碰撞到在鞋柜前正在换鞋的老人。

图 2-4　鞋柜与门的位置关系正误对比

另外，如果家中有乘坐轮椅出门的老人，门厅空间的尺度、鞋柜等家具的摆放还需要考虑轮椅出入的便捷。

要点 4：鞋柜高度需便于老人撑扶，底部可留空

鞋柜的台面（一般高度为 80 ~ 90 厘米）可兼做扶手，供老人通行和换鞋时撑扶，台面上也便于老人随手放置常用物品。

图 2-5　鞋柜台面和底部抬高尺寸示意

鞋柜底部留空可适当抬高至30厘米，内侧可放置鞋盒，外部可放置常用鞋，老人站着撑扶鞋柜台面换鞋时，可以不用弯腰就看到鞋柜底部的鞋子，安全又方便。

图2-6　鞋柜底部高度的优劣对比

（二）起居厅适老家装要点

起居厅是老人进行看电视、待客、休闲娱乐等活动的主要场所。进行适老装修时，需要注意茶几、沙发等家具选型适合老人身体特点，摆放位置要方便老人进出等。

要点5：考虑乘坐轮椅老人的位置

家中有乘坐轮椅的老人时，需在沙发旁预留出专用于轮椅停放的位置，并考虑其进出的便捷。

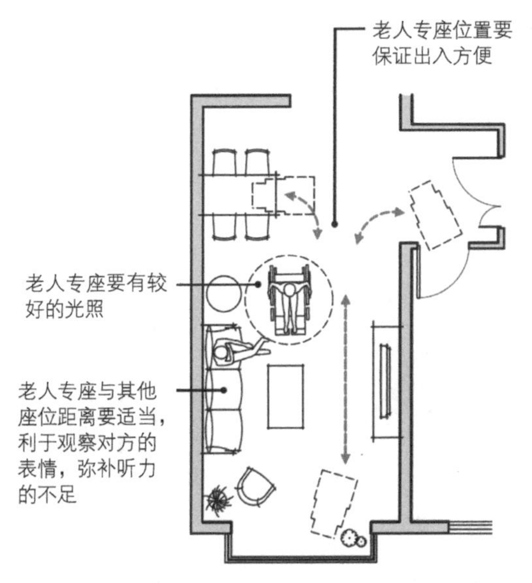

图 2-7 老人专座的位置宜设在进出方便的地方

要点 6：沙发、茶几的摆放需便于老人进出

即使在家中没有乘坐轮椅老人的情况下，起居厅进入一侧也尽量不要布置长沙发，以避免形成空间阻隔，对老人出入起居厅造成不便。也需注意茶几不要过长、过大，以免有碍老人通行。

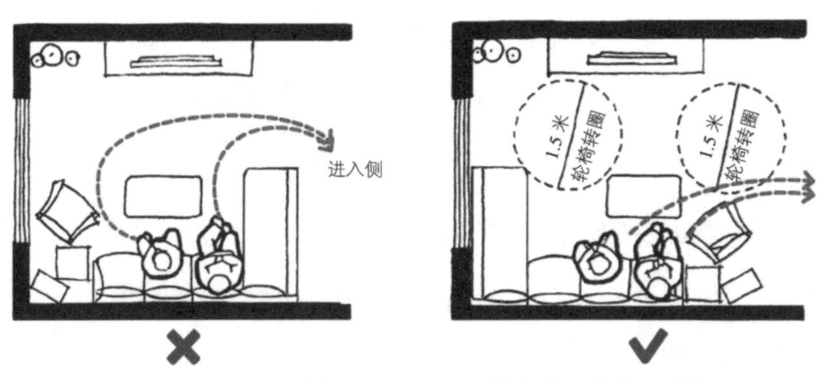

图 2-8 不宜在沙发区进入侧设置长沙发阻碍老人进出

另外，沙发、茶几与电视柜之间，需留出供乘坐轮椅老人转圈的回转空间（直径 1.5 米）。

要点 7：选择适合老人使用的茶几

适合老年人使用的茶几在选型上需注意以下几点：

1. 茶几的下部宜留空，方便老人坐在沙发上将腿伸展。

2. 茶几需轻便、小型化，便于移动，增加灵活性。例如，当老人需要泡脚时，可以挪开茶几来放置泡脚盆。

图 2-9 茶几分为两个，小巧轻便，可灵活移动

3. 茶几台面宜高于沙发坐面。可选择 55 ~ 60 厘米高的茶几，使台面高于沙发坐面，老人坐在沙发上不必过于弯腰就能拿取茶几上的东西，且较高的茶几可避免磕碰老人的膝盖。

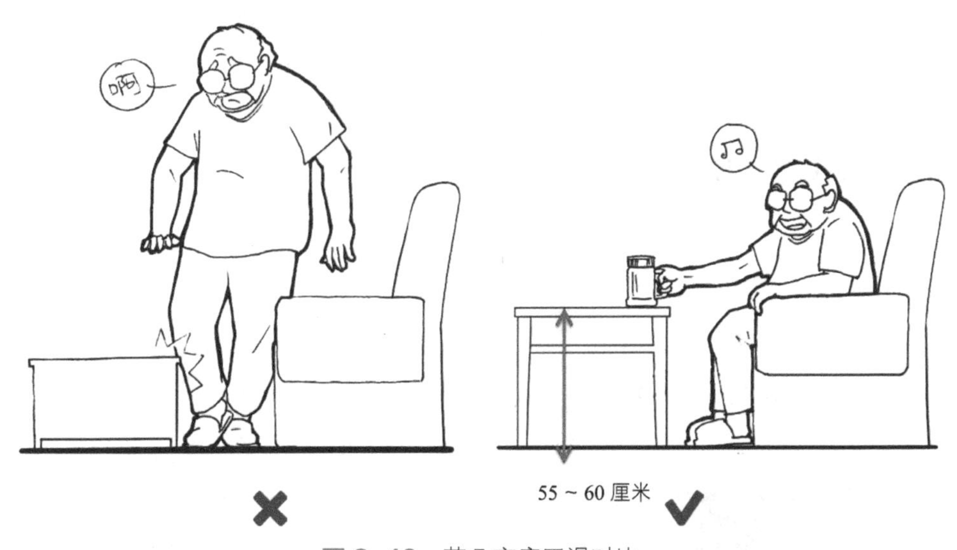

图 2-10　茶几高度正误对比

要点 8：沙发选型需注意适老

适合老年人使用的沙发在选型上需注意以下几点：

1. 沙发不宜过软和过低，且坐面进深不宜过大。这些都是为了避免老人落座后起身困难。

2. 沙发两侧扶手需具有一定硬度，以便老人起坐时撑扶。

3. 沙发靠背应较高，便于老人颈部依靠。

图 2-11　沙发与电视间距正误对比

4. 沙发与电视间的视距需合理。由于老人视力、听力均有所衰退，沙发前端和电视间的距离一般 2 ~ 3 米为宜，距离过大会使老人看不清电视内容或听不清电视声音。

图 2–12 适合老人使用的沙发示例

要点 9：避免空调正吹沙发

老人对室内环境舒适性的要求高，既要设置空调使室内温、湿度保持在舒适范围内，又要避免空调风直吹老人。

在起居厅空调室内机的位置选择时，应注意避免风口正对沙发，以防空调风直吹坐在沙发上的老人，引发老人身体的不适。一般情况下，空调宜布置在与沙发同侧的角落里。

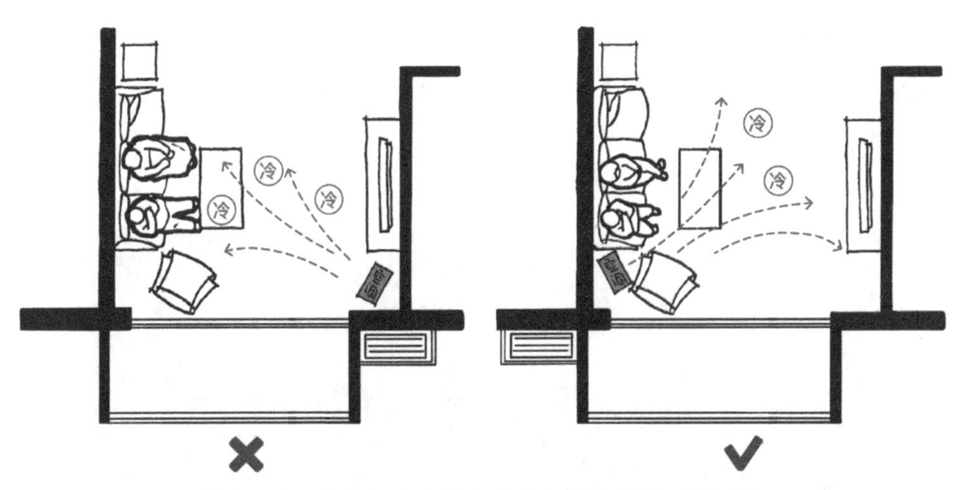

图 2-13　起居厅内空调室内机位置选择的正误对比

要点 10：地面材质应防滑、防反光

在住宅地面材质的选择上，若铺装石材和瓷砖，需注意避免表面过于光滑和产生反光、眩光等问题，以防止老人滑倒。

地面宜选用木地板、防滑地砖、PVC 地胶等防滑、防反光、质软、易于清洁的材料，以保证老人安全和方便老人打扫。

图 2-14　大理石地面较光滑，老人易滑倒

图 2-15　可采用防滑性能较好的木地板

需要注意的是，部分材料在表面有水和没水时防滑性能存在较大的差异，挑选时应注意甄别，选用干、湿两种状态下防滑性能都较为良好的材料。

（三）餐厅适老家装要点

民以食为天，一日三餐是老人生活十分重要的组成部分。餐厅需注意与厨房、起居厅保持较为通透的视线关系，以便老人在就餐时能够随时与家人沟通和观看电视节目。

要点 11：加强餐厅与厨房的视线联系

为了方便老人准备餐食和就餐，餐厅和厨房的密切联系非常重要。厨房门可以选用透明或部分透明材质，方便餐厅和厨房中的人彼此看到，了解情况。

图 2-16 餐厅与厨房间设置玻璃隔断，在餐厅时可以看到厨房

饭前饭后，老人端着碗碟往返于厨房、餐厅之间较为麻烦。有条件时，可以在厨房墙面上开设一个窗口，方便将菜品和餐具递出、送回。

图 2-17　餐厨间联系的正误对比

要点 12：考虑就餐时也可以看到电视

当户型中餐厅和起居厅相连时，可以考虑把餐桌摆放到能看到起居厅电视的位置，使老人在餐桌边和沙发上都能看到电视，这也便于家人分别坐在餐桌边和沙发上，边共同看电视，边进行交流。

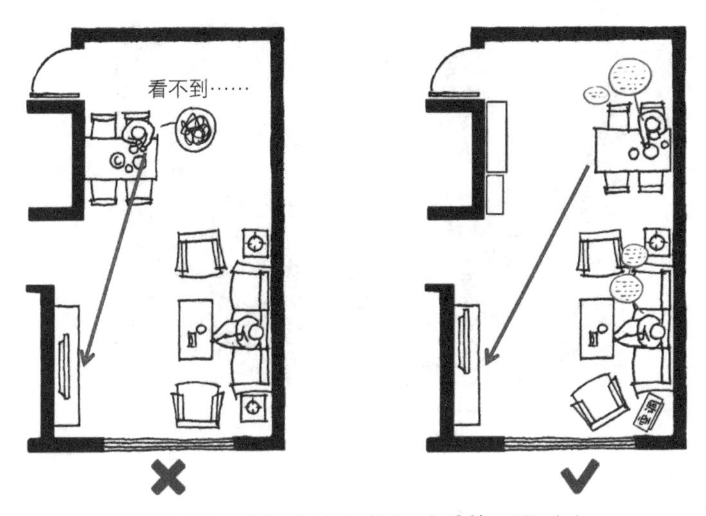

图 2-18　餐厅与电视位置关系的正误对比

要点 13：餐桌旁宜留出轮椅专用位置

选择餐桌时应考虑桌面下方留空，净高应大于 65 厘米，便于乘坐轮椅老人腿部插入。

当家中有乘坐轮椅的老人时，餐桌旁需考虑轮椅回转和停放的空间。

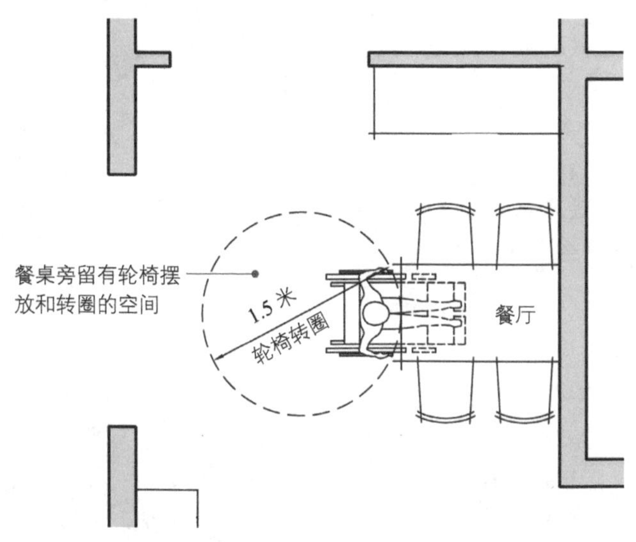

图 2–19　餐桌预留轮椅位，并考虑轮椅的回转空间

（四）厨房适老家装要点

虽然在部分家庭中，厨房的主要使用者是子女或保姆，但对于大多数的少子化老年家庭，厨房依然是老人会经常使用的空间，其适老化设计需引起重视。厨房的橱柜设计、设备布置需保证老人操作的方便性和安全性，支持老人尽量力所能及地完成家务劳动。

要点 14：吊柜需防止磕碰

在吊柜选型时应注意避免有突出的尖角部分，且吊柜深度避免过大（不宜超过 35 厘米），以防老人在操作中不慎磕碰头部。

图 2–20　橱柜的尖角容易产生磕碰

要点 15：吊柜下方可加设中部柜

厨房墙面 1.2 ~ 1.6 米的高度范围内，是老人最容易看到、拿取物品的区域，可在这一区域设置开敞式的中部柜、中部架，厚度 20 ~ 25 厘米，便于老人取放碗碟、调味品等常用物品。

图 2-21 中部柜便于老人操作，并有效增加储物空间

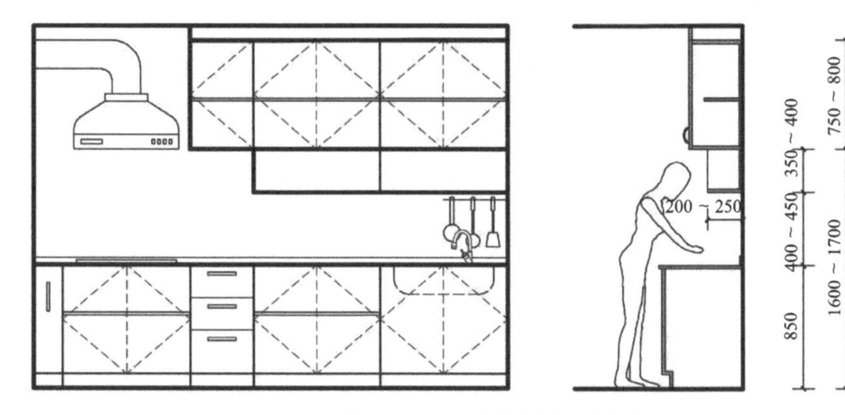

图 2-22 中部柜尺寸说明

要点 16：操作台面宜连续

不宜采用水池、炉灶分设在两侧台面的厨房形式，否则老人在操作过程中需要频繁转身、搬动碗碟等各类物品，操作起来较为不便。

建议采用“L”形或“C”形的连续台面，将水池、炉灶适当靠近布置（但也需在水池、炉灶间留出一定台面，详见要点 17），以便老人连续操作，节省体力。

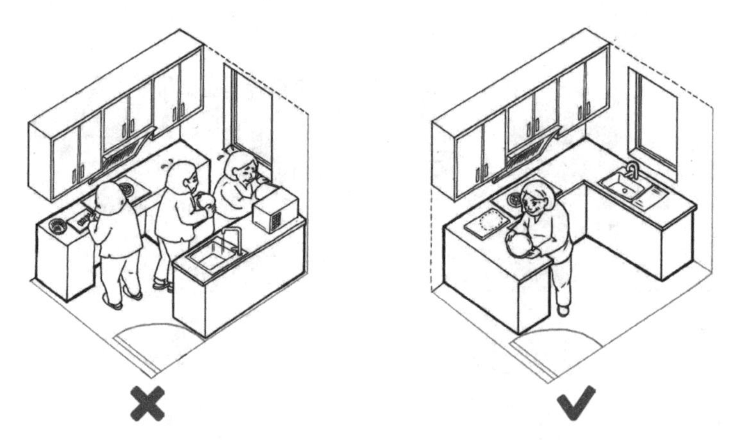

图 2-23 台面布置形式优劣对比

要点 17：炉灶、水池的两侧和之间均需留出台面

在厨房中，如果炉灶紧挨着墙面，烹饪操作时靠墙一侧的胳膊可能会受到阻碍，活动不便。

炉灶两侧最好能够留出 20 厘米以上宽的操作台面，与墙体保持适当距离，不阻碍炒菜等烹饪操作，也便于就近摆放常用调味品、碗碟等物品。

厨房布置中若将炉灶紧挨着水池摆放，当老人一边在炒菜、一边在用水时，水池的水滴可能溅进油锅里，发生迸溅而烫伤老人。

水池与炉灶间需至少间隔 45 厘米以上的距离，最好有 60 ~ 80 厘米宽的台面，既能防止迸溅的危险，又方便操作和摆放碗碟、洗菜盆等物品。

图 2-24　炉灶两侧留有台面　　**图 2-25**　炉灶与水池之间留有台面

要点 18：微波炉宜放在操作台面上，不宜过高或过低

一些家庭在装修时为了节约空间，将微波炉和烤箱等电器布置在吊柜或低柜中，老人需要踮脚或者弯腰才能够到，十分不便，也容易发生泼洒烫伤等危险。

图 2-26　微波炉放置位置正误对比

微波炉、烤箱、电饭煲、电热水壶等常用电器宜放在距地 80 ~ 120 厘米高的位置，便于老人取放食物，操作开关。

要点 19：厨房内有条件时可布置小餐台

部分老年家庭中仅居住有 1 ~ 2 位老年人，他们用餐相对简单，条件允许时，可在厨房内布置小餐台，以便老人在厨房内就近用餐。这样可省去老人端运饭菜的麻烦，也可为厨房补充台面。

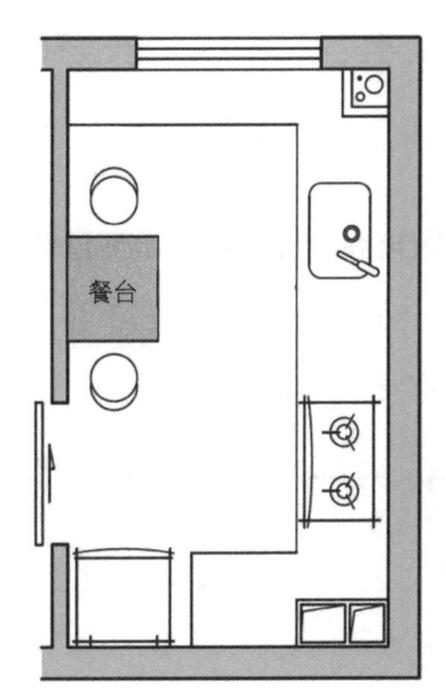

图 2-27 厨房内布置小餐台示意

要点 20：冰箱旁要留有接手台面

老人使用或整理冰箱时，常需要拿出、放入多件东西。此时，如果冰箱旁边没有台面，老人一次拿很多物品时很容易掉落，发生危险，多次往返取放也较为麻烦。

因此，冰箱附近最好设置一定台面，便于老人摆放待冷藏的物品，或者一次性取出多件物品，减少老人来回取放的麻烦。

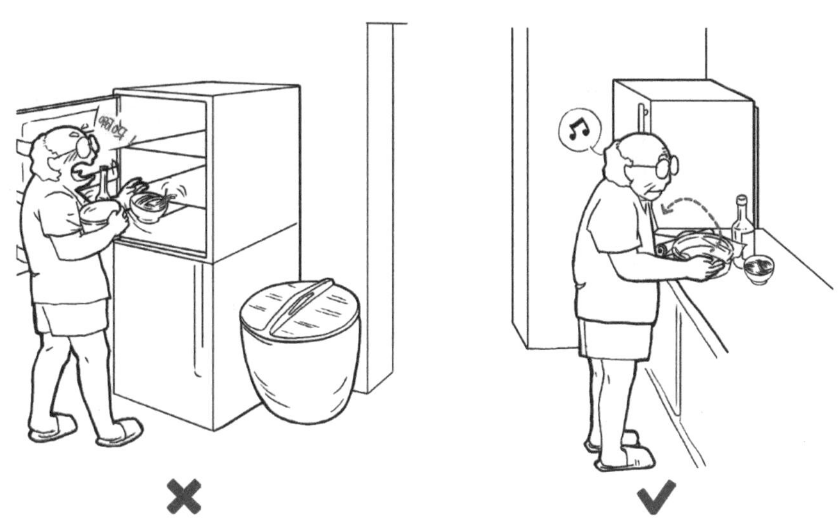

图 2-28 冰箱旁有无台面正误对比

（五）卫生间适老家装要点

卫生间是老人无论白天还是晚上都需要经常使用的空间，也是较为容易发生危险的空间，需特别注重地面积水、淋浴间高差、坐便器扶手等问题，保证老人洗漱、洗澡、如厕等操作时的安全。

要点 21：需注意卫生间干湿分离

为了保证老人安全，需特别注意地面的防滑，防止地面被水打湿。

若卫生间内的淋浴区布置在外侧、靠近入口处，浴后容易将地面打湿，老人通过时极易滑倒。

因此，建议将容易带出水的淋浴区置于卫生间深处，将坐便器位于入口旁，形成较为明确的干湿分区，保证老人安全。

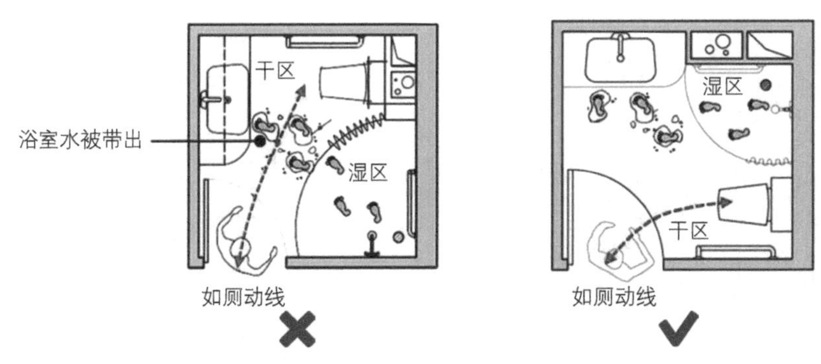

图 2-29　卫生间干湿分区正误对比

要点 22：选择适合老人使用的盥洗台

卫生间中的盥洗台是老人刷牙洗脸、清洗小件衣物的重要区域。盥洗台选型需注意以下要点：

1. 留足台面。为便于老人摆放、拿取物品，盥洗台应留出充足的台面（长度宜在 80 厘米以上），也宜考虑设置镜箱、置物架等收纳空间。

2. 控制镜高：对于坐姿洗漱和乘坐轮椅的老人，镜子下沿距离地面高度 80 ~ 95 厘米，以便于老人坐着看到镜子。

3. 盥洗台下留空。老人动作较为缓慢，长时间站立困难，因此应考虑到老人坐姿操作的需要。盥洗台下方留空可以方便坐姿洗漱或乘坐轮椅的老人腿部插入，留空净高一般不低于 65 厘米。

图 2-30 盥洗台选型示例

要点 23：盥洗台旁侧墙上宜布置毛巾杆

为了防止洗手后水溅到地上导致地面湿滑，毛巾需尽量靠近盥洗台放置，最好挂在洗手池侧面的墙上，方便老人洗手后就近擦手。

毛巾杆需避免选用点式、环式等形式，而是尽量采用较长的横杆式，这样便于毛巾的平叠晾晒。

图 2-31　盥洗台旁侧墙上设置毛巾杆

要点 24：卫生间门尽量采用推拉门或外开门

突发状况下，内开门容易被倒地的老人挡住而打不开。因此，卫生间门最好为推拉门或外开门。

图 2-32　卫生间门设置优劣对比

要点 25：尽量采用冷热水混水龙头

冷热水分开控制的龙头可能会导致老人单开热水时发生烫伤，因此建议采用单控的混水龙头，以使出水水温较为适宜。

图 2-33　冷热水设置优劣对比

要点 26：淋浴间需设置扶手，并用浴帘隔断

老年人起立坐下存在困难，入浴时可能出现突发情况，因此淋浴间布置要格外注意安全。具体体现在以下几点：

1. 设置扶手。为便于老人进出淋浴间时和在浴凳上起坐时撑扶，淋浴间内宜设置 L 形扶手。

2. 宜扩大淋浴空间。这样便于老人转身，避免磕碰，也可留出他人护理老人洗浴的空间。

3. 安装浴帘。为避免淋浴间底部出现高差，方便他人护理老人洗浴，淋浴间宜安装浴帘，而不宜选择玻璃淋浴屏。

4. 注意排水。为避免淋浴时水外流，地面湿滑，地面坡度应尽量将水排至淋浴区角落，并设置地漏。不宜采用突出地面的挡水条，以避免老人绊倒。

图 2-34 淋浴间设置优劣对比

要点 27：花洒高度宜可调节

为方便老人冲洗身体各部位或坐姿洗浴，可设置滑杆使老人可以根据需要调节花洒高度。

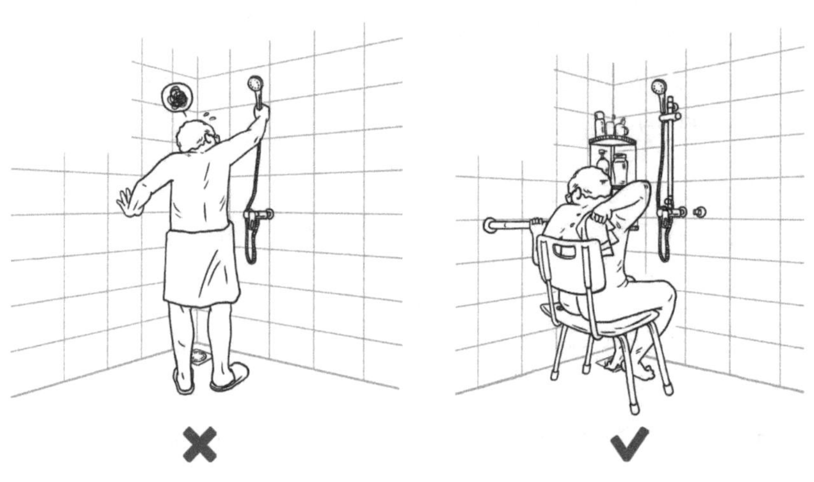

图 2-35 花洒设置正误对比

要点 28：淋浴间宜考虑摆放浴凳

老人普遍需要坐姿淋浴，以保证安全和省力。因此，在淋浴间内，需放置安全、稳固、防滑、防水的浴凳。

图 2-36 适合老人使用的浴凳示意

要点 29：坐便器旁宜设置扶手

为了便于老人在坐便器上起坐时撑扶，坐便器旁宜安装 L 形扶手。扶手的竖向部分应距离坐便器前端 20 ~ 25 厘米，以便于老人抓握扶手起坐，保持身体平衡。

当卫生间内因为种种原因不便于在墙面安装固定扶手时，也可设置可移动的扶手。这样设置较为灵活，老人需要时可拿出来使用，不需要时可收起，少占空间。

图 2-37　坐便器旁扶手设置正误对比

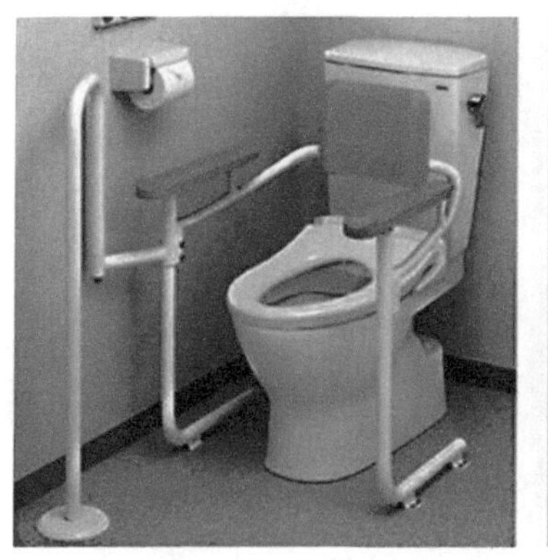
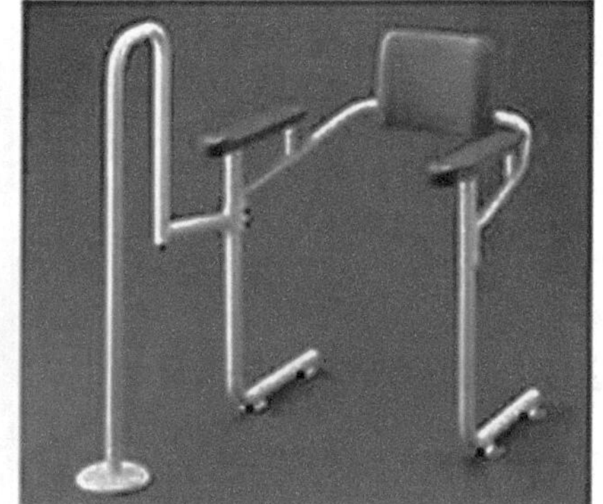

图 2-38　可移动扶手示例

（六）卧室适老家装要点

在卧室中，床是老人最常使用的家具。需注意老人在床边通行、起坐的安全和便利，并且根据老人的生活状态、身体状况和意愿等来选择床的形式。

要点 30：卧室宜考虑老年夫妇分床休息的需求

老年夫妇身体健康，相互作息没有干扰时可选择双人床；当因作息时间不同或起夜、翻身、打鼾等问题而相互干扰时，为避免影响彼此睡眠，宜在卧室内布置两张单人床，且两张单人床之间适当留有缝隙，供老年夫妇分床休息。

对于需要介助、介护的老人，可考虑配备能够升降的护理床。

图 2-39 卧室布置两张单人床示例

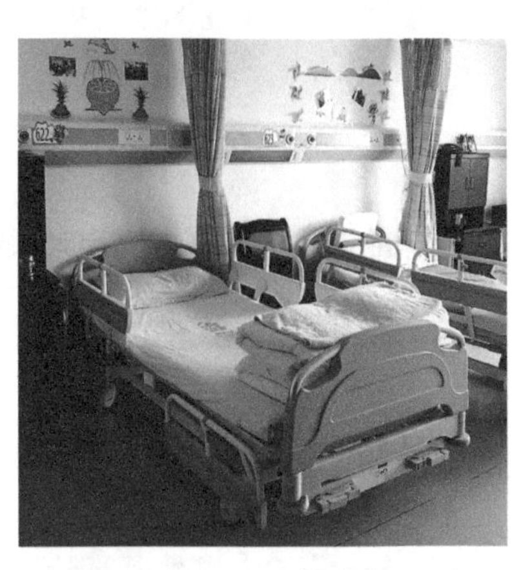

图 2-40 老人护理床示例

要点 31：床的尺寸需适中，不宜过大或过小

双人床宜选择较大的尺寸，以免老人在休息时相互影响，建议为 1.8 米 × 2.0 米。

普通单人床也宜选择较宽的尺寸，条件允许时最好选择 1.2 米 ×2.0 米为宜，宽度最小也应保证为 0.9 米。

为满足老人对于床的就坐需求，床的高度不宜过高，以免老人就坐时前倾、滑下，高度以 45 厘米左右为宜，具体尺寸选择时可结合老人的身高适当增减。

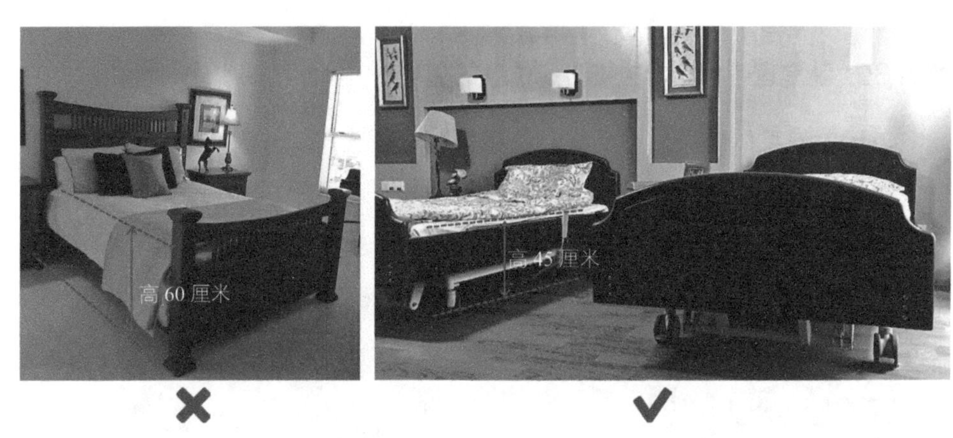

图 2-41 老人床高度正误对比

要点 32：床的选型与布置需满足老人使用需求

卧室是老人就寝休闲的重要空间。相比中青年人群，老人卧室布置更应该注重安全性，并需考虑为轮椅回转、护理操作留出空间。床的选型和布置需注意以下适老要点：

图 2-42 老人床设置床尾板示例

1. 留出护理空间。对于需要护理的老人，应尽可能在床两侧留出走道，便于提供护理，或者轮椅推入推出。

2. 设置紧急呼叫器。床头的位置可设紧急呼叫器，保证老人躺在床上伸手可及。

3. 设置床尾板，便于老人通行或从床上起坐时撑扶。床尾板高度距地面 65 厘米左右为宜，撑扶处宜为木质且转角圆润，便于老人在床尾附近行走时撑扶。

要点 33：床的材质需考虑老人接触时的舒适感

老人对所接触物品的表面材质温度较为敏感，尤其在冬季，金属材质的冰冷感会给老人皮肤造成较为强烈的刺激。

因此，在考虑床的材质时，老人撑扶、抓握的扶手及床尾板均宜采用木质等温和材料，以提高老人接触时的舒适感。

为节约床的选配成本，也可在扶手及床尾板等需要经常抓握、撑扶的部位用木质材料包裹。

图 2-43 老人床材质正误对比

要点 34：主灯宜设双控开关

卧室主灯宜设置双控开关，门侧和床头各有一个，方便老人在床上躺下后关灯，而不必在关灯后摸黑走到床边。

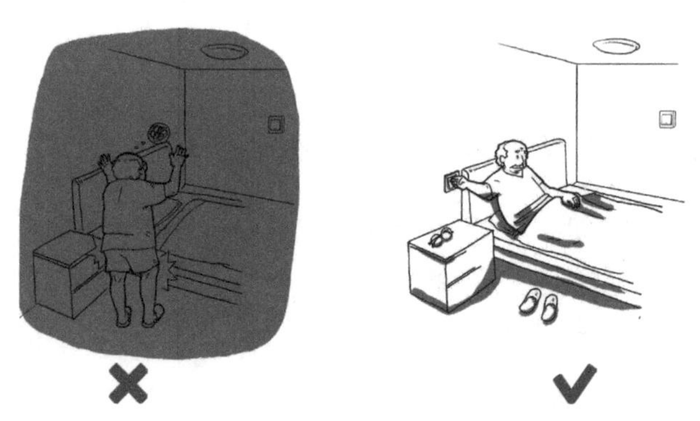

图 2-44 顶灯开关设置优劣对比

要点 35：空调送风方向不要正对床头

老年人体质较弱，容易受凉。空调室内机位置宜认真选择，送风方向需避免正对老人床铺，防止风直接吹老人。可考虑在空调室内机加装挡风罩或挡风搁板，来限制、阻挡空调风吹向老人。

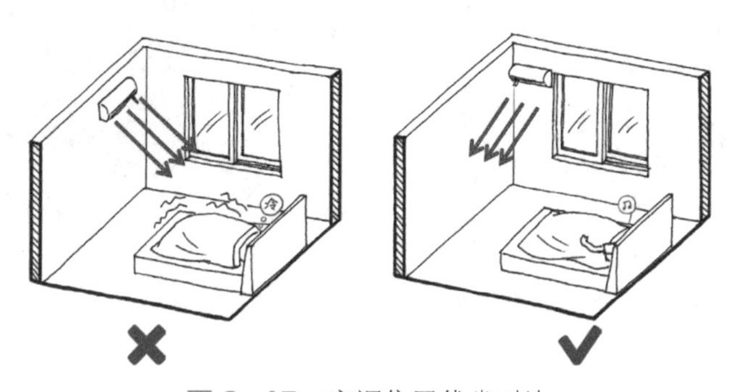

图 2-45 空调位置优劣对比

要点 36：床头柜要适合老人使用

床头柜是老人在床边放置眼镜、水杯、闹钟等物品的常用空间，其选型需注意以下要点：

1. 台面略高。老人卧室床头柜的高度应比床面略高一些，便于老人起身撑扶时施力，其高度为 60 厘米左右即可。

2. 台面边缘宜上翻，防止物品滑落。

3. 床头柜宜设置明格，以便摆放需要经常拿取的物品。

4. 宜设抽屉而不宜采用柜门的形式，使老人开启方便，视线能够看清内部的物品，避免翻找物品时过度弯腰。

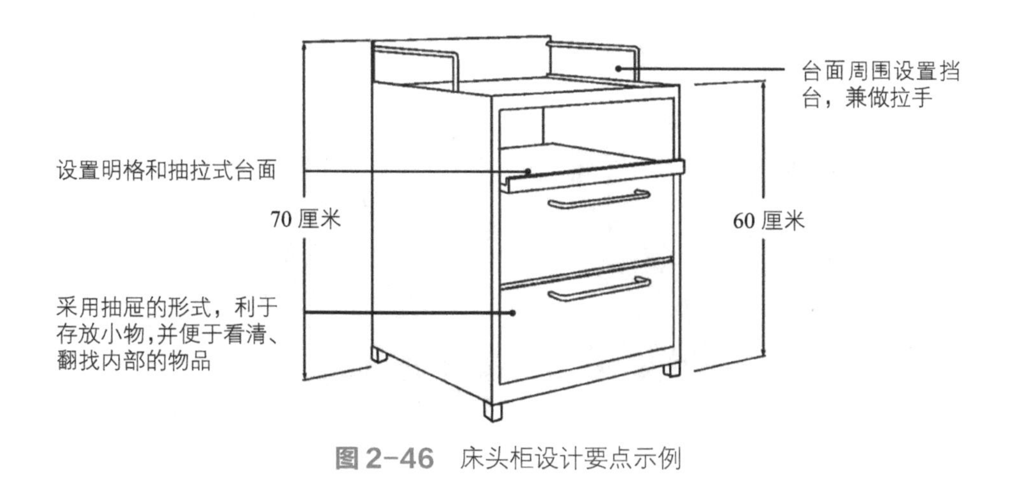

图 2-46 床头柜设计要点示例

（七）阳台适老家装要点

阳台是老人非常喜欢使用的空间之一，它兼具晾晒、种花、储物、晒太阳等多种功能，布置时在确保安全的情况下，需尽可能高效利用空间。

要点 37：封闭阳台上宜布置洗衣机，以便洗晾衣集中

可将洗衣、晾晒、清洁等功能集约化布置在阳台，并设置充足的储藏空间。

阳台角部可设置上下水管线，将洗衣机布置在阳台上，并在其旁配合设置晾衣架，使洗晾功能集中。还可在阳台设置洗涤池、墩布池等，方便进行家务劳动。这样一来，洗晾衣等家务操作得以集中，老人洗衣后可就近晾晒，节省了体力。

另外，应充分利用阳台空间，设置低柜、吊柜等柜体，为老人提供放置衣架、洗衣液等物品的空间。

图 2-47 阳台设置示例

要点 38：晾衣杆需考虑低位操作的可能

为了便于老人晾晒衣物，除了设置常见的升降式晾衣杆外，还可考虑设置低位晾衣杆。如图所示，低位晾衣杆更加便于老人操作。另外，阳台栏杆在条件允许时也可考虑兼做晾衣杆使用。

图 2-48　升降式晾衣杆

图 2-49　低位晾衣杆

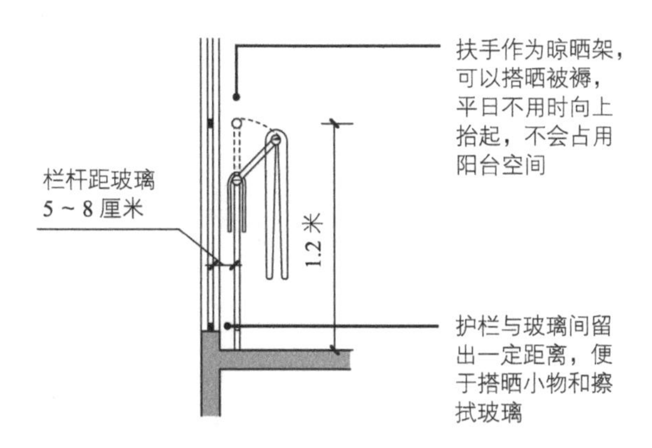

图 2-50　阳台栏杆兼做晾衣杆的设计要点

要点 39：注意阳台门的高差处理

阳台、卫生间门口处出于防水考虑多存在小高差，老人很容易磕绊或摔倒。在门口处需安装小缓坡、三角坡垫来过渡高差，既便于轮椅通行，又可防止老人磕绊。

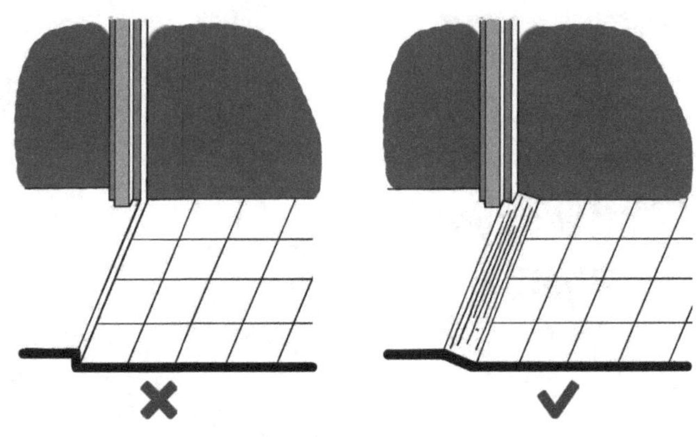

图 2-51　地面高差处理优劣对比

要点 40：阳台门的尺寸要利于通行

阳台门可设置为玻璃推拉门，以便最大化地引入外界光线。

但在设置玻璃推拉门时，常见的错误是，将阳台门分为四扇或更多的推拉扇，这样每扇门的通行宽度会减少（很可能不足 80 厘米），老人通行时需打开

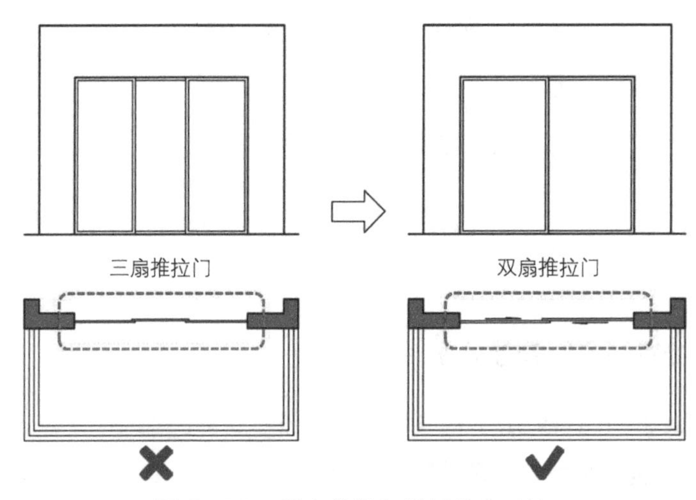

图 2-52　阳台推拉门设置优劣对比

多扇门，通行不便，且构造较为复杂，容易损坏。

建议阳台推拉门设置为两扇对推的门扇即可。其优点是每扇门的通行宽度大、简洁明亮、造价较低，且由于减少了门框，更加利于光线通过。

图 2-53 阳台设置双扇推拉门，简洁明亮

（八）设施设备适老家装要点

在进行适老家装时，需要注意的设施设备包括开关、把手、插座、灯具、座椅、采暖设备、热水设备、排风设备等。在选择这些设施设备时，需充分考虑老人特殊的身体状况、使用习惯和安全需求。

要点 41：开关面板需利于老人分辨和操作

随着年龄的增长，老人的视力、手部力量和灵活性都会出现不同程度的衰退，因此在选择部品时应注重老人操作的便利性。

开关面板应采用按键大、数量少的形式，以方便老人识别和按压操作。每个面板上的开关数量不宜超过两个，多个开关面板也不宜过于集中布置，否则都会有碍于老人的分辨和使用。

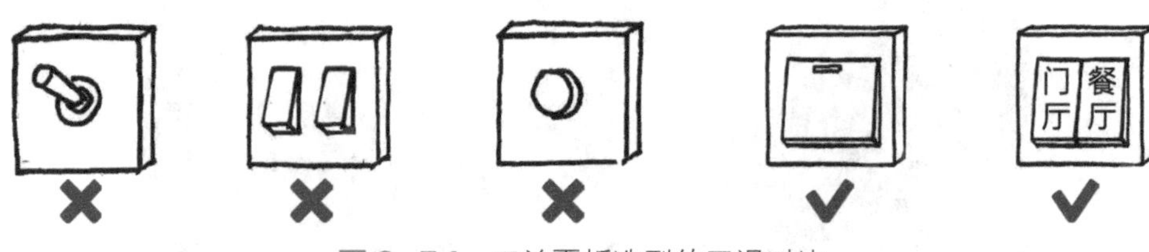

图 2-54　开关面板选型的正误对比

图 2-55　多个开关设置在一起，老人难以分辨

要点 42：各类把手需便于老人抓握用力

在门把手和水龙头开关的选型方面，球形或旋钮式的开关对腕部力量要求较高，老人开关不便，宜选择便于老人操作的杆式或抬杆式。

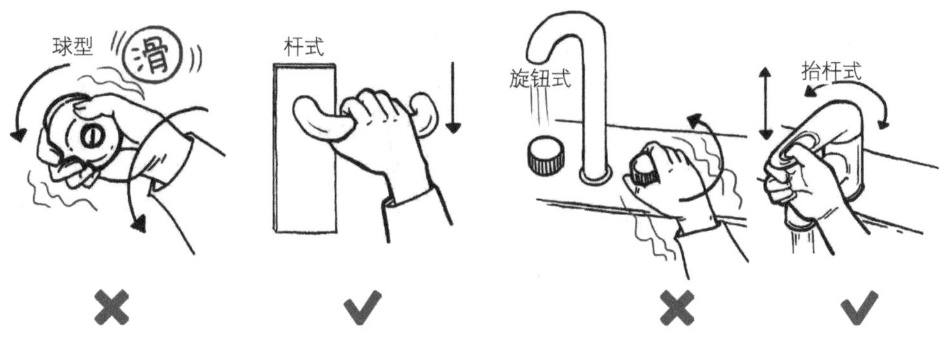

图 2-56　门把手和水龙头开关选型的正误对比

家具、抽屉的拉手应避免采用单孔的点式或内凹的隐形式，宜选择简洁、容易抓握的形式（如长杆式），以降低操作难度，使老人单手也能轻松使用。

图 2-57　抽屉拉手选型的正误对比

要点 43：插座宜根据使用部位适当抬高

插座宜设置在书桌、橱柜、电视柜等台面以上，以尽量避免老人下蹲或弯腰，方便老人插拔电源插头。

中位插座一般宜布置在距地高度 0.8 ~ 1.2 米的位置，以保证处于书桌等台面以上。

图 2-58　插座布置在台面高度以上，方便老人插拔电源插头

低位插座建议提高至距地 0.6 米高，避免老人插拔时过于弯腰，也便于置于电视柜等台面上方。

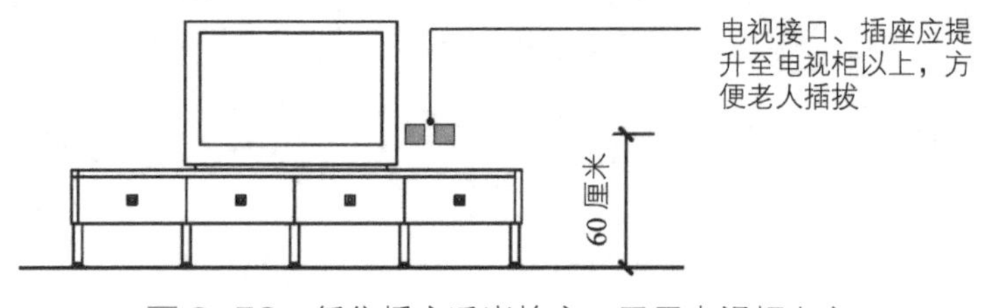

图 2-59　低位插座适当抬高，置于电视柜上方

要点 44：灯具的选择宜适合老人使用

在灯具选型方面，应避免使用光线刺眼、容易产生眩光或形式复杂不易清洁的灯具。如下图的水晶吊灯，装饰繁复，会给老人更换灯泡和擦拭带来困难。另外，床上方因装饰需要或认为可替代床头灯而设置的射灯，会让老人躺在床上时容易感到刺眼，且照射效率低，存在爆裂的危险。

适老住宅的灯具应采用形式简洁、照度充足、光线均匀柔和、以漫射光为主的灯具，如吸顶灯、磨砂灯具、灯带、发光顶棚等。

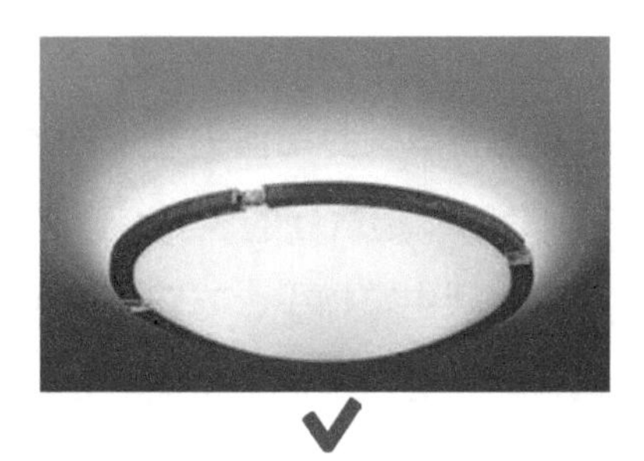

图 2-60 住宅灯具选型的正误对比

要点 45：主要空间宜有两处灯源

老人更换灯具不便，为了保证在有灯具损坏，未及时维修的情况下保证日常的使用照度，一些主要空间，如起居厅、厨房、卫生间、卧室等，均需至少设置两组灯具。

例如，厨房中，除了顶灯外，还可在炉灶上方、水池上方加设局部照明；卫生间中，也提倡顶灯、镜前灯或浴霸灯同时设置。

图 2-61 厨房与卫生间多种照明布置示意

要点 46：有阅读和精细操作的部位可加强局部照明

在整体照明设置充足的情况下，还需考虑对老人主要的操作空间进行局部照明。如前所述的厨房与卫生间，在厨房炉灶上方、水池上方、卫生间镜子上方设置灯具，更加便于老人日常使用这些空间。

另外，起居厅的沙发旁也是老人需要局部照明的地方。老人视力有所衰退，日常生活中剪指甲、吃药、阅读小字单据等，都需要更好的亮度，仅有起居厅的顶灯，老人往往看不清。这时需要在沙发旁设置落地灯或台灯，来加强局部照明。

图 2-62 起居厅沙发旁有无局部照明优劣对比

要点 47：插座布置需考虑家具的多种摆放形式

老人因为身体原因或气候原因，经常会改变家具的布置方式。因此，住宅当中的插座点位布置应兼顾家具布置的多种可能性，以避免改变家具布置时插座无法使用的情况。

例如，老人卧室内插座的布置需注意兼顾床靠墙摆放和床两侧临空摆放的可能性，提前考虑布置多处点位，以便在床改变布置形式时仍可满足使用需求。

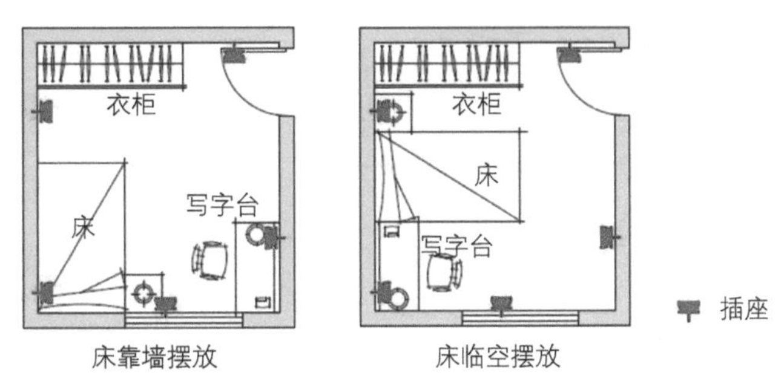

图 2-63 老人卧室内插座点位的布置应考虑房间家具布置的多种可能性

要点 48：座椅需轻便、稳定，便于老人移动、起坐

普遍而言，适老化的家具设备需要具有安全性更高、使用更轻松、操作更简便等特点。座椅是老人最常使用的家具之一。为老人选择合适的座椅时，需要注意以下要点：

图 2-64 适老化座椅示例

1. 结构安全稳固，不会因老人起坐而发生移动或倾覆。

2. 无尖锐棱角，以防磕碰发生安全事故。

3. 设有靠背，减轻老人久坐时腰部和背部的负担。

4. 带有扶手，方便老人坐下和起立时撑扶。

5. 采用轻质材料，轻便易移动，必要时还可通过在椅子前腿上设置滑轮、在椅背上设置镂空抠手等方式方便老人移动。

6. 可以叠放，以便收纳，节省空间。

要点 49：需保证门的通行宽度

住宅中常用门的形式包括平开门、推拉门、子母门等。为了方便老人通行，尤其是轮椅的通行，单扇门（对于子母门而言是大扇门）打开后的有效通行宽度宜保证为至少 80 厘米。

有效通行宽度是去掉门套及门板厚度之后的净宽。对于最常用的单扇平开门而言，若想保证有效通行宽度为 80 厘米，其门洞宽需至少为 90 厘米。

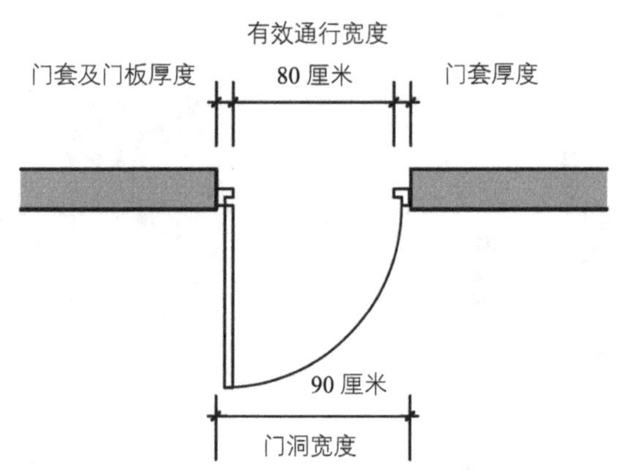

图 2-65 门洞宽度与有效通行宽度示意

要点 50：需置物的窗台上方可考虑设置一段固定扇

老人喜欢在家中起居厅、卧室、阳台的窗台上摆放花盆，也会在厨房的窗台放置常用调料和清洁用品。当这些窗台上方的窗户需要开启时，开启扇很可能打翻窗台上的物品，给置物造成不便。

因此，这些窗户的开启扇下方，建议设置一段固定扇（大概 25 ~ 30 厘米高），在固定扇上方再设置开启扇，这样可以避免开窗时开启窗与窗台上摆放的物品产生冲突。

图 2-66 窗扇设置优劣对比

要点 51：可考虑采用地板采暖

地板采暖又称“地暖”，简单讲是在室内地板下方铺设加热管，来向外辐射散热的采暖方式。从老人使用的角度来讲，与传统的散热片采暖方式相比，其具有以下优点：

1. 温度均匀。整个房间受到地板的均匀散热，温差极小，避免老人有忽冷忽热的感觉。

2. 体感舒适。由于热量是从地板开始辐射，因此室内温度是由下而上逐渐降低，会给老人以脚暖头凉的舒适感觉。

3. 无须维护。传统的散热片采暖常需试水、放水等操作，也可能产生漏水、滴水等问题，老人维护起来相对麻烦。地板采暖则基本无需老人维护，使用起来较为方便。

另外，地板采暖还有少占空间，利于家具摆放，避免老人磕碰，节能环保等优点。当条件允许时，建议在适老家装中采用。

要点 52：需保证老人方便地使用热水

适老住宅内，需为老人尽量配置 24 小时热水，以便老人洗澡、洗漱和使用厨房水池时均能立即使用到热水。

卫生间所用热水器，需保证热水量充足、温度便于调节、避免忽冷忽热。厨房水池下方建议预留插座和空间，以便根据需要加装如小厨宝这类能够提供即时热水的设备。

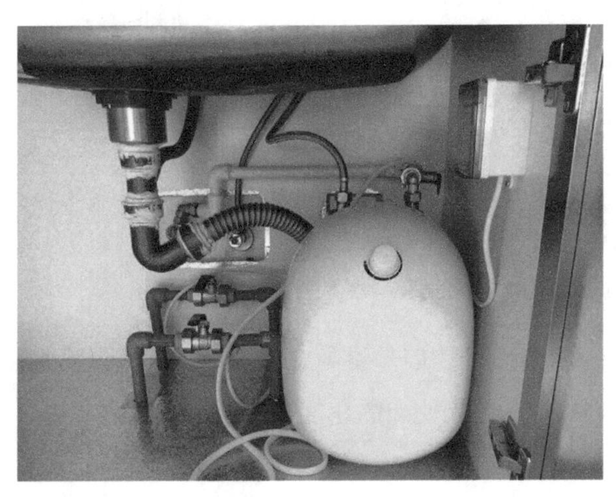

图 2-67 厨房水池下方预留插座，安装小厨宝

要点 53：需注重卫生间排水、排风问题

卫生间地面有水容易让老人滑倒，产生危险。因此，卫生间地面需保证充足的排水坡度，地漏宜采用较大、不易堵塞的形式，以利于排水通畅。另外，除了在淋浴间角落设置主要地漏外，还可考虑在坐便器旁或其他位置加设一个备用地漏，以便在主要地漏堵塞时还能够进行正常排水。

卫生间还宜设置排风扇、换气扇等设备，或设置浴霸、风暖、排风等功能于一体的集成式设备，与卫生间吊顶安装在一起，以通过顺畅的排风来消除卫生间地面的水。

图 2-68 较大的地漏示例

图 2-69 集成式排风设备示例

（九）智能家居适老家装要点

智能家居的普及程度越来越高，在适老住宅家装中也需引起重视，可以根据实际条件适当采用。家庭中常用的智能化设备包括门禁系统、紧急呼叫系统、煤气探测器等，以及空调、灯光、窗帘等方面的自动控制系统等。

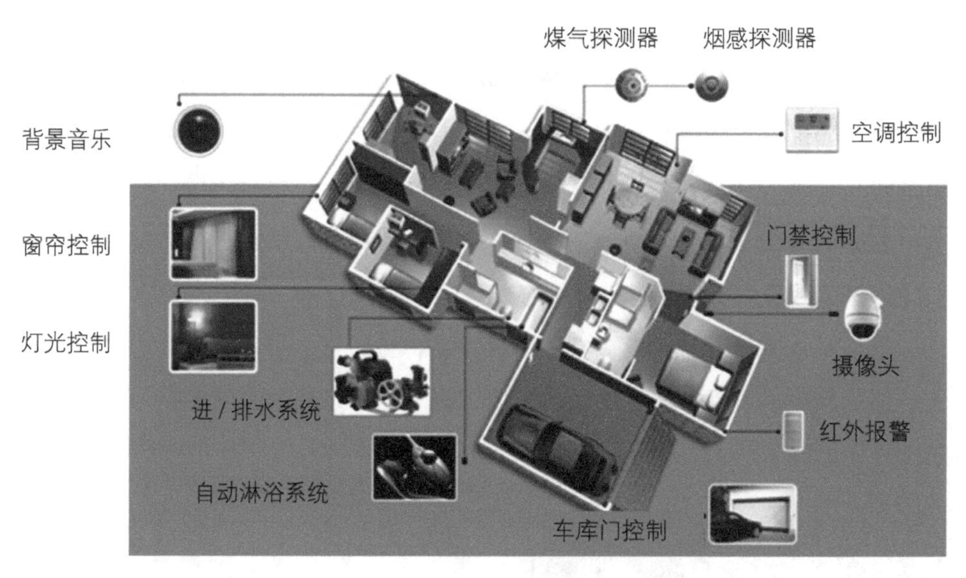

图 2-70 家庭中常用的智能化设备

在住宅适老化装修中，配置适宜的智能化系统，能够保障老人安全、提高老人操作便利性。但同时需注意智能设备的操作不能过于复杂、文字不能过小、色彩不能过花等问题，以免引起老人的困惑，使智能设备起不到真正的作用，反而给老人带来不必要的麻烦。智能化系统在住宅适老化装修中设置的整体原则是让老人易懂、易分辨、易操作。

要点 54：坐便器旁宜预留插座，以便设置智能便座

智能便座含温水洗净、坐便圈加热、暖风干燥、杀菌等多种功能。对于老人来说，智能便座更加便于清洗下身，解决了老人便后擦拭困难等问题，并利于防治痔疮等疾病。

因此，卫生间坐便器旁宜提前设有插座，以便安装智能便座。

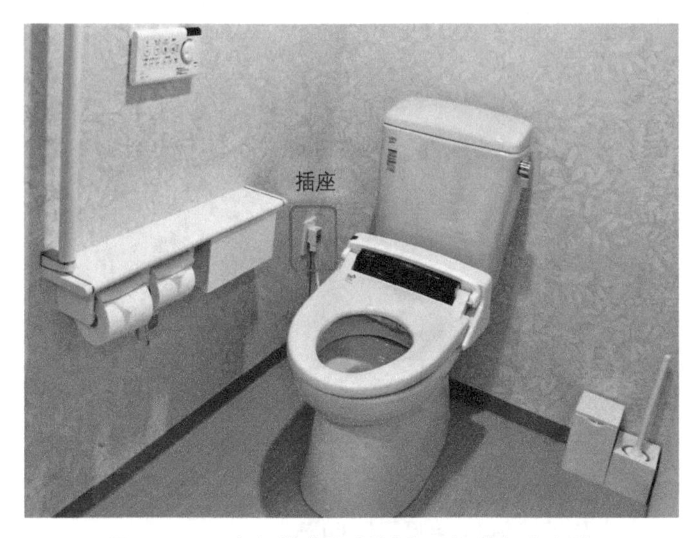

图 2-71 坐便器旁预留插座，加装智能便座

要点 55：可视对讲系统需考虑老人使用需求

可视对讲系统可让老人在家里通过视频看到来访者的图像，以判断是否允许其进入楼内，在一定程度上防止可疑陌生人的闯入，对于老人独自在家生活是一个安全保障。为了更加方便老人使用，可视对讲系统需注意以下要点：

1. 屏幕更大。老年人使用的可视对讲屏幕宜比普通的更大，便于老人看清画面。

2. 考虑乘坐轮椅老人使用需求。对讲机的安装高度建议距地 1.3 米左右，并最好采用可调节俯仰角度的对讲屏幕。还应考虑对讲机前方留出一定空间供乘坐轮椅的老人接近。

3. 铃声放大。为便于听力衰退的老人使用，对讲机的铃声音量可适当增大，听筒内最好有扩音装置。

4. 辅助灯光提示。可利用灯光增设视觉提示，在对讲机启动时灯光闪烁，以引起老人注意。

图 2-72 对讲机启动时灯光闪烁，提示老人

要点 56：宜在卧室和卫生间安装紧急呼叫器

紧急呼叫器通常分为两种——固定安装在墙面的呼叫器，以及可让老人随身携带的呼叫器。老人发生意外时，可以通过触动呼叫器按钮，使其自动发出紧急信号或拨打预设的紧急电话，确保老人得到及时救助。

固定在墙面的紧急呼叫器应安装在老人容易发生意外的区域。通常老人在卧室、卫生间的活动会有较大幅度的动作，比如在床上从平卧姿势到站起，如厕时坐下站起等。老人做这些动作时容易眩晕或动作不稳，从而引起摔倒，发生危险。因此，宜考虑在卧室床头、卫生间坐便器旁等老人容易发生危险的地方安装紧急呼叫器。

紧急呼叫器需设在既易于触摸又能避免误碰的地方，高度应在老人适宜操作的范围内。例如床头附近的呼叫器应保证老人躺着时也能方便地够到。呼叫器宜设拉绳，拉绳下端距地面约为 10 厘米，使老人倒地后可以拉拽、求救。

另外，需安装煤气泄漏检测器和火灾报警器等室内警报信号，保证老人安全，且这些报警设备均需尽量做到既有视觉信号又有听觉信号，以便老人及时察觉。

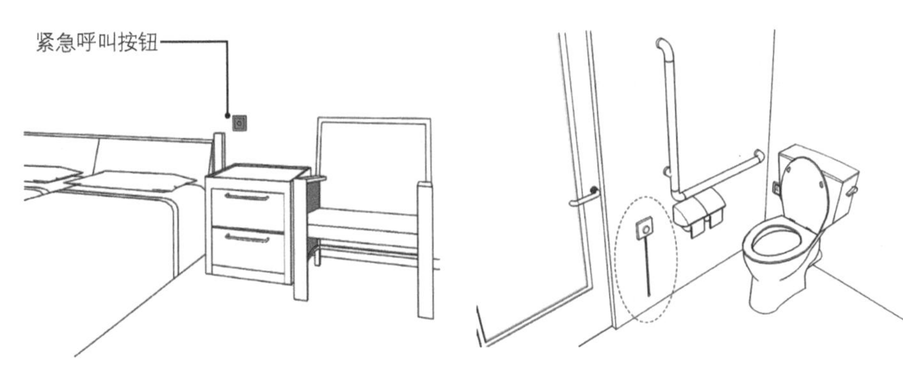

图 2-73 卧室床头安装紧急呼叫器　　**图 2-74** 卫生间坐便器旁安装紧急呼叫器

要点 57：可在门厅设置电源总控开关

为了方便老人出门时关闭所有电源，门厅中可设置住宅电源的总控开关，以便老人一键断电，减少安全隐患。开关的形式和位置应便于老人识别、操作。

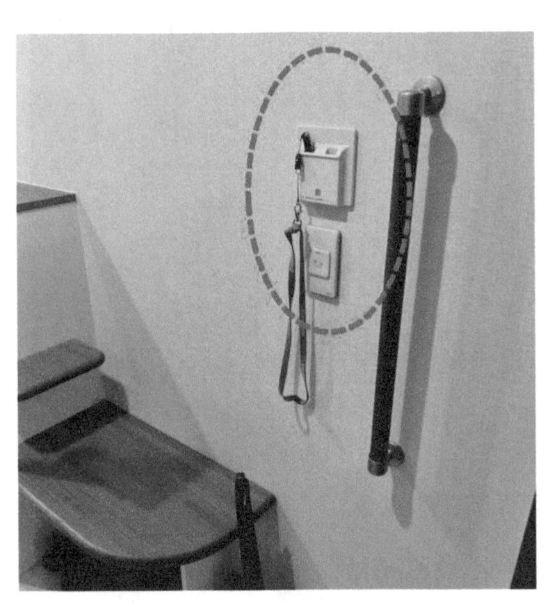

图 2-75 在门厅中设置电源总控开关

要点 58：可设置红外探测器感应老人行动

当老人独居在家、子女不在身边时，可以考虑在家中安装红外探测器来感应老人行动。当老人长时间没有经过应该经过的某一区域时，红外探测器会感应到并反馈至子女处，让子女及时能够查看老人的情况，保证老人独居的安全。

红外探测器应设置在老人每天的必经路线上，例如卫生间或走廊处。

图 2-76 在卫生间设置红外探测器感应老人行动

要点 59：宜采用可调节式的光源

老人对灯光需求是多样化的，当需要看书看报时，希望灯光明亮、照度充足；当需要休息时，希望灯光温馨、营造舒适氛围。因此，条件允许时，可以考虑设置不同照度和色温的多种光源，或者设置能够进行调节的灯具。

下图所示可调节灯具为北欧老年公寓中使用的光源，可以通过改变照度和色温来模仿不同时间的自然光照。老人可以选择适合自己的照明，来获得身心上的舒适。

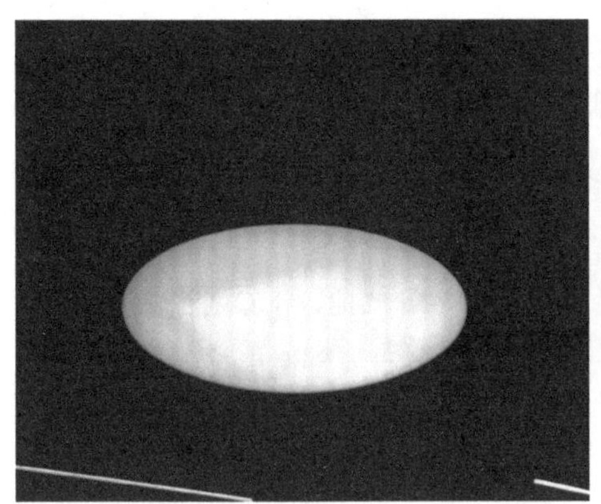

图 2-77 能够调节为日间和傍晚不同模式的灯具

要点 60：可考虑采用遥控器操作窗帘、油烟机等

对于部分老人，尤其是乘坐轮椅的老人而言，一些需要举高手臂进行的操作会存在一定困难，例如拉关窗帘、操作油烟机等。

这种情况下，可以考虑设置遥控窗帘、遥控油烟机等设备，让老人通过使用遥控器就能进行操作。另外，灯具、吊扇等设备也越来越多地可以使用遥控器来进行控制，也可以适当地在适老家装中进行应用。

同时需注意，遥控器不要过于复杂，需保证易于分辨、易于操作，以确保老人使用的便利。

结 语

在我国日益老龄化的今天，居家养老是我们最为提倡的养老方式，绝大多数的老年人也希望在家中度过自己的晚年生活。在这样的背景下，适老家装越来越受到社会各界的关注和重视。能够让老年人相对独立地进行居家生活，不仅是尊老爱老的中华民族传统美德的体现，而且对于缓解子女赡养老人的压力、减轻整个社会的养老负担都具有重要意义。

我们希望，有越来越多的子女能够在家中的父母步入老年生活之前，为他们仔细装修，将住宅更新一番，以求让老人能够安全、便捷、舒适地生活在家中。对于每一个尚未进入老年阶段的人而言，为今天的老年人创造良好的生活环境，必将在未来惠及自身。

我们同时也希望，本书能够尽量帮助到进行适老家装的家庭，在他们进行适老家装的过程中起到一定的辅助、参考作用。若果真如此，笔者将感到由衷的欣慰。

参考文献

[1] 周燕珉 . 漫画老年家装 [M]. 北京：中国建筑工业出版社，2017.

[2] 周燕珉，等 . 住宅精细化设计 Ⅱ [M]. 北京：中国建筑工业出版社，2015.

[3] 周燕珉，等 . 老年住宅 [M]. 北京 : 中国建筑工业出版社，2011.

[4] 中国建筑标准设计研究院 . 老年人居住建筑：15J923[S]. 北京：中国计划出版社，2015.

[5] 周燕珉教授主讲 MOOC 课程住宅精细化设计课件 .

[6] 周燕珉教授主讲 MOOC 课程适老居住空间与环境设计课件 .